十万个为什么 100000 WHYS

互动的自然

少年科学馆

何文珊 著

少年儿童出版社

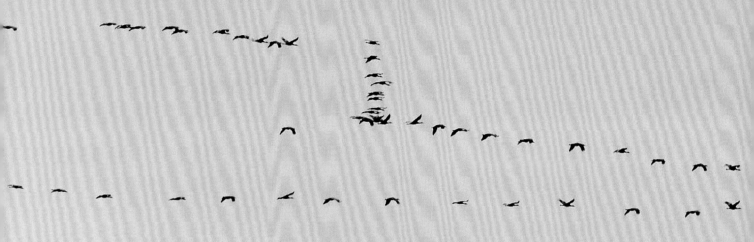

作者简介

    何文珊，2002年在上海华东师范大学河口海岸学国家重点实验室获生态学博士学位，之后十多年在该校从事湿地生态学教学和科研工作，参与多项国家重大科研项目和国际合作项目，专业领域为湿地生态学与生态修复。曾担任易道公司的生态顾问，参与多个湿地公园与人工湿地规划与景观设计。已出版《生态学——科学与社会之间的桥梁》等多本生态学译著。目前居住在加拿大。

图片来源

维基百科、视觉中国、Flickr

插　　图

翟苑祯

序

　　此刻，时值壬寅夏末。我种的玉簪、茉莉和锦葵如往年那样准时地吐蕾，绽放，然后凋谢。公园里的草坪虽然因为干旱而枯黄，但是在两次大雨过后，都悄悄转绿了，松鼠们还在为了争夺领地，从地上追打到树上。这一切都悄悄地发生在我们周围，你注意过吗？

　　当然，更多的生物都在远方：或是在海里，或是在天上，或是在沙漠里，或是只有在夜里出没，或是小心地出没于密林中。比如，封面上的动物你认识吗？这是中国特有的一种雉科鸟类，黄腹角雉，其主要栖息地之一就在浙江乌岩岭自然保护区，那里离长三角都市圈并不遥远。你觉得你和这个难得一见的鸟类有关吗？如果有关的话，那是什么样的关系？最直接的关系，莫过于当沿海经济迅速发展时，人们建立了自然保护区，让它们还能在深山里栖息，免遭开发的厄运。但是，近年全球多处地区都出现了少见的极端高温天气和干旱状况，中国东部沿海也在其中。当你在室内躲避烈日时，有没有想过山上的动物们正在经历着什么？

　　有灵万物息息相关。自工业革命开始，由于对化石能源的高度利用，地球大气层二氧化碳浓度逐步上升到令人无法忽视的地步。有很多证据表明，地球生物圈已经受到暖化的影响。我们应该让孩子们尽早欣赏到地球生物多样性的丰富多彩，让他们更好地理解各国为了减碳而做的各种努力。

　　地球是一个生机勃勃，包罗万象的星球，一本薄薄的小书不可能穷尽其奥妙。惟愿撷取点滴，介绍一些生态学基本知识，展示生态系统的复杂。当然，在介绍我们与自然密不可分的关系时，也不可避免地要告知生态系统面临的一些危机。我们欣赏自然，研究自然，并怀着谦卑的心情，可持续地利用自然。

　　愿小读者们开卷有益。

2022年8月于加拿大

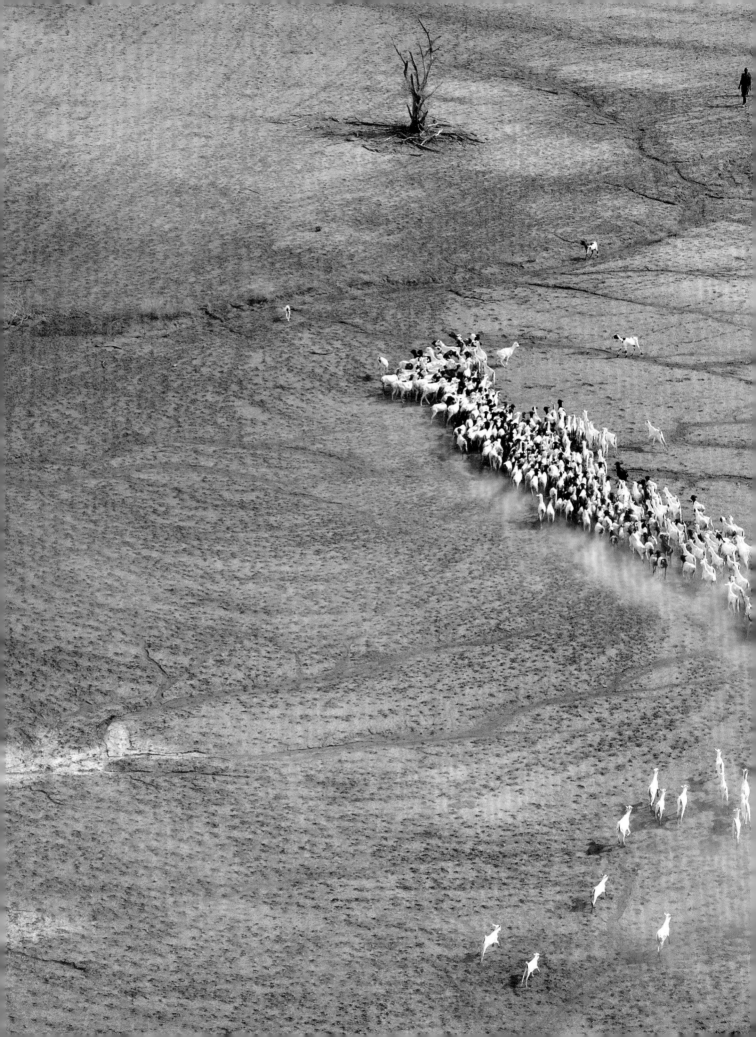

目 录

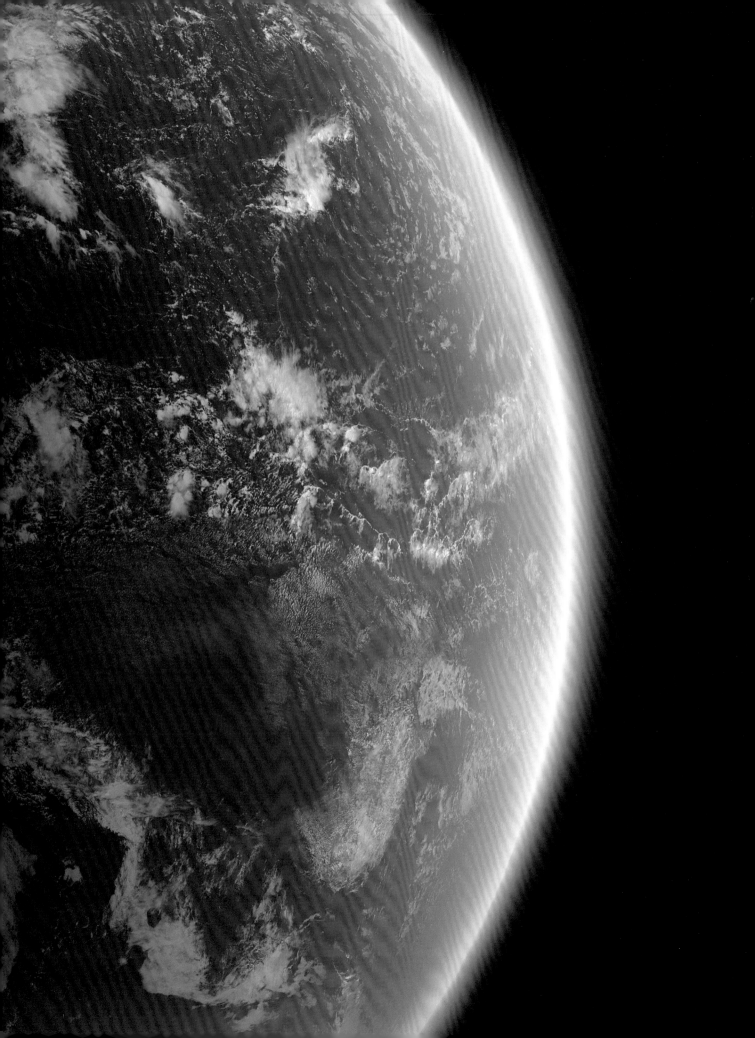

我们的地球

"生态"到底是什么?

珊瑚礁生态系统

如今,"生态"一词在报纸杂志和网络上频繁出现。你是不是好奇过"生态"到底是什么?

"生态"在不同语境下有不同含义。不过,我们这本书里要说的生态是它的专业含义:生物与其所处环境之间的相互关系。这里所说的环境既有物理和化学环境,比如光照、风力、盐度等,也包括了同一个空间内的其他生物。这个相互关系不仅包括了环境对生物的正面或负面的影响,还有生物对环境的适应和改造。

"生态"的专业定义最早由德国生物学家恩斯特·黑克尔(Ernst Haeckel, 1834—1919)在 1866 年提出

生态瓶

英国人戴维·拉蒂默(David Latimer, 1938—2016)在 1960 年制作了一个可以自我维持的小生态系统,即在一个约 45.5 升的球形玻璃罐里种植了一种紫露草,然后密封了瓶口。唯一一次也是最后一次打开瓶口浇水是在 1972 年。这个小生态系统至今仍然郁郁葱葱!这是世界上寿命最长的人工制作的密闭型生态系统。

什么是生态系统?

生态系统就是在一个特定的时间和空间内,相互作用的生物与环境所构成的有机整体。

生态系统有大有小,家里的一个养着鱼还种点水草的鱼缸就是一个小小的生态系统,地球上的生物圈则是最大的生态系统。

湿地生态系统

森林生态系统

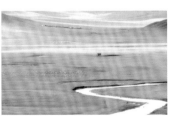

草原生态系统

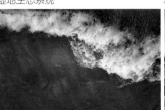

海洋生态系统

沙漠生态系统

岛屿生态系统

地球上的物质是静止的吗？

物质循环是生态系统的基本功能之一，它把地球上包括人类在内的生物的命运都紧密联系到一起了。

生命需要哪些元素？

虽然地球上有丰富的生物多样性，但只有少数元素是生命所必需的，它们被称为生物必需物质。

在这些元素中，生物对碳、氢、氧、氮、磷、硫等若干元素的需求量显著高于其他元素，这些元素就被称为常量营养元素，其他元素虽然需求量不高，但也是必需的，它们被称为微量营养元素，比如铁、锌等金属离子。

大气圈

生物圈

水圈

岩石圈

水循环

传输

传输

冷凝

降水

升华

融雪径流

蒸腾作用

蒸发

蒸发

地表径流

地表径流

冷凝

降水

植物吸收

渗透

渗滤

地下水径流

物质循环在循环什么？

生物必需物质经过生物过程，形成了碳水化合物（比如糖和纤维素等）、蛋白质（包括氨基酸）和脂类（脂肪和油脂）等，它们不仅是生物的重要组成部分，而且广泛分布在环境中，是物质循环过程中的主要形式。

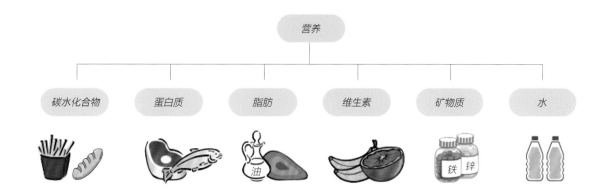

营养

| 碳水化合物 | 蛋白质 | 脂肪 | 维生素 | 矿物质 | 水 |

油

铁 锌

物质时刻都在循环吗?

不是的。元素有不同的形态,比如碳,它有三种同素异形体,只有一种处于活跃的流动状态。

无定形碳广泛分布,从组成生物所必需的氨基酸、蛋白质,到产生温室效应的二氧化碳和甲烷,都有它们的踪影。它们和其他生命必需元素一样,在生态系统中的分布是不均匀的。

金刚石		存在于岩石圈 生物不可利用
石墨		存在于岩石圈 生物不可利用
无定形碳		存在于岩石圈、 水圈、大气圈、 生物圈 生物必需物质

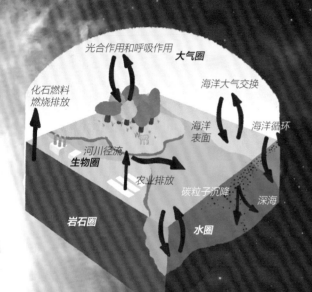

碳存在于所有的生命形式中,它占了人体体重的 18%。

冷知识

植物虽然通过光合作用捕获大气中的二氧化碳,但是它们也通过呼吸作用释放二氧化碳。

物质如何循环?

物质的循环需要能量。像植物和藻类这样的生产者是物质进入生物圈的重要入口,太阳光是最重要的能量来源。消费者在吃草或捕食的时候,都需要消耗能量。

在生态系统的物流中,没有"垃圾"这个概念——捕食食物链里产生的残骸、碎屑物、凋落物等会进入腐食食物链,所产生的溶解有机物能被植物吸收,再次进入捕食食物链。有些未分解部分会形成贝壳堤、珊瑚礁、煤炭、石油等,如果没有人为开发,这些都是非常稳定的储存。

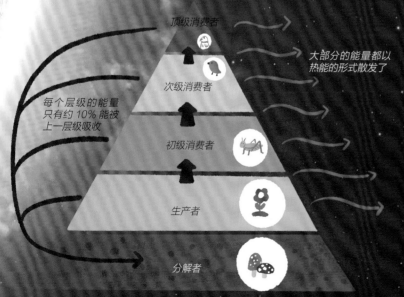

分解者降解其他所有营养级的尸体(残骸),将其重新转化成基础物质

太平洋上的垃圾带，它们有的会被海洋动物误食，有的会成为塑料粒子进入海洋生物体内，最终会通过海产品进入人体

每年进入海洋的塑料垃圾达**800**万吨，其中约**1**%漂浮在海面上。

复杂的地球相互作用系统

太阳　气候变化

大气和生物的互相作用　云　火山　冰原

工业排放　人类活动影响

大气与海冰的相互作用

海冰　地面辐射　热交换

河　植被

植物与土壤互相作用

土壤表面　土壤利用及土壤表面改变

人类也在这场大物流中吗？

　　当然。但是人类的生产和生活产生塑料等很多难以降解的垃圾。如果没有特殊的处理过程，这些垃圾在自然界中几乎不会被分解。在冲刷、风化等物理作用下，塑料变成了细小的塑料粒子，但是它们并没有消失，而是通过海洋进入了食物链。

　　此外，由于能源需求高，人类在大量燃烧化石能源时，也向大气中排放了大量的二氧化碳。食品业（如牧场）向大气排放的甲烷也远高于普通的生态系统。这两种气体在大气中的不断增加导致了温室效应的增强。可以说，许多环境问题的根源就在于人类打破了自然生态系统物质循环的原有平衡。

地球越来越热了吗？

　　由于二氧化碳和甲烷在大气层的大量积聚，使得地球上的热量无法像以前那样向外辐射，导致全球变暖——这种效应仍在加剧，这会继续影响生物圈。

　　有许多迹象表明，地球表面的温度越来越高，但各个地方的升温幅度并不相同。

全球变暖导致极地的冰山和高山上的冰川融化，冰原上出现裂缝，冰盖变薄，极地动物很容易受到全球变暖的影响

2019年，陆地的升温显著高于海洋（海冰除外）

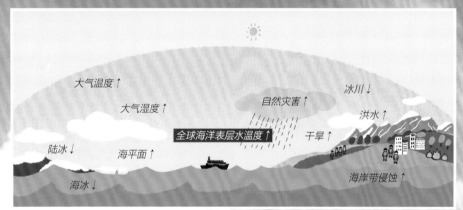

历史上有过这种情况吗？

　　在地球史上，寒冷的冰期和温暖的间冰期交替出现，大冰期至少出现过5次，每次气候变化都对地球上的生物产生显著的影响。不过，当我们讨论全球变暖时，更多的是担忧我们自己的命运。

冷知识

　　如果海水温度下降得足够快，白化的珊瑚可以在几周内恢复。

自1880年以来，全球平均海平面已经上升了21~24厘米，其中的1/3是在最近25年里发生的。

全球变暖对海洋有什么影响？

　　海洋水温升高，会导致海水溶解氧含量下降，酸度增加，珊瑚礁白化现象加剧。由此，许多依赖珊瑚礁生活的海洋生物也随之消亡，它们所在的食物链也因此断裂，危及处于顶级消费者位置的鲸和鲨鱼等海洋生物。海鸟和海洋哺乳动物也会因失去食物和栖息地而受到威胁。

2016年厄尔尼诺现象发生后，澳大利亚大堡礁发生大面积珊瑚白化

全球变暖，会导致龙卷风等极端天气越来越多

陆地上变热会怎样？

全球变暖会导致陆地气候异常、干旱加剧、火灾频发，毁灭性的大规模森林野火不仅释放大量二氧化碳，也威胁当地的生物多样性，来自海洋的飓风和台风对海岸带的城市和生物栖息地都会造成严重的破坏。

海岸带红树林只占全球森林面积的0.7%，但是它们的单位面积固碳能力是森林的10倍。

美国南喀斯喀特冰川的历年照片显示了该冰川的消融情况

冷知识
食物浪费也会导致温室气体排放，每年的排放量占全球总温室气体排放量的6%。

冰川融化会怎样？

极地冰川大量融化，极地动物的栖息地就相应缩减，导致它们捕食困难，死亡率上升。更重要的是，白色的冰川可以将太阳辐射向地球外反射，其面积缩减后，这个功能也随之削弱，更加剧了全球变暖。

地球还能降温吗？

目前，我们只能努力减缓全球变暖的速率。这是人类的一项长期任务。我们要尽量减少温室气体的排放，修复自然生态系统，恢复自然植被，增强生态系统捕获和储存碳的能力。

茫茫荒漠

荒漠就是沙漠吗？

荒漠是一类特殊的生态系统，大多在远离海洋的大陆中央。那里由于缺乏水汽，很容易产生荒漠这种干旱的环境。有些极端干旱的荒漠可以连续几年没有降水。

荒漠有雨雪天气吗？

有些荒漠紧邻海洋或河流，有短暂雨雪，但旱季更漫长，加上风力强劲，导致蒸发量显著大于降水量。有的荒漠虽然有来自海洋的浓雾，但却无法形成降雨。

沿北纬 30° 和南纬 30° 的两条断续的荒漠带

荒漠有多少种？

提到荒漠，大家可能首先想到沙漠。沙漠只是荒漠的一个类型，还有岩漠（连片的裸露岩石）、砾漠（以碎石滩为主）和泥漠（龟裂干涸的泥土地）等。它们都具有水分稀缺的环境特征。中国的火焰山就是一处著名的岩漠。

荒漠都很热吗？

地球上的荒漠有各种湿度和温度条件，全年都温暖干旱的干热荒漠只是其中一种，此外还有半干旱荒漠、沿海荒漠和冷荒漠。半干旱荒漠有明显的夏冬之分，降水量较低，而且集中在很短的时间里。沿海荒漠的少量水汽主要来自海洋。

荒漠也可以极度寒冷，南极洲就是一片冷荒漠。南极洲的年降水量和撒哈拉沙漠几乎相同。1983年6月，南极洲曾测出-89℃的低温。

冷知识

南美洲的阿塔卡马荒漠是世界上最干旱的荒漠之一，年平均降雨量仅25毫米，有些地方甚至多年以来的降雨量都小于1毫米，连仙人掌都无法生长，因此被称为地球上的旱极。

地球陆地面积中，约 **1/3** 为荒漠或半荒漠。

撒哈拉沙漠是世界上最大的热沙漠，它占了非洲大陆面积的近 *1/3*。

雅鲁藏布江特殊的碧水在沙丘之间蜿蜒流淌

南极洲是冰雪覆盖的荒漠

去荒漠穿什么？

荒漠的昼夜温差很大，通常能达到30℃以上。因此，中国新疆有一句俗语："早穿皮袄午穿纱，围着火炉吃西瓜。"去荒漠旅行的话，必须考虑夜间防寒。

住在沙漠里的贝都因人都穿着很厚的衣服，既能防晒，又能防寒

荒漠有价值吗？

任何自然演变产生的生态系统都有其独特的生态价值和生物多样性，荒漠也不例外。自然荒漠具有壮丽多变的地形地貌，许多荒漠都是重要的自然保护区和国家公园。荒漠中通常有强劲的风力，还能提供风能这种清洁能源。

戈壁沙漠由于没有光污染，而且降水少，晴夜多，是最佳的观测宇宙的地方。中国正在建设的冷湖天文台就位于青海的戈壁上。

冷知识
夜间冷却下来的荒漠岩石在白天的急速升温中，受热不均，有不同的膨胀速度，因而可能发生爆裂，伴有巨响。

撒哈拉沙漠里的塔尔法亚风电场发电量居非洲之首

荒漠里有植物吗？

荒漠环境非常恶劣，但依然有生物可以在其中找到生存的机会。

2005 年春季，美国死亡谷国家公园内的荒漠里下了一场罕见的大雨，荒漠顿时成为花海

仙人掌类植物是某些荒漠中最常见的植物

荒漠有高大植物吗？

有。生长在北美洲索诺拉荒漠的巨人柱仙人掌可高达十余米，它们通常长有分支，远远看去，仿佛是一个站在荒漠里挥手的巨人。

荒漠植物能改变荒漠吗？

植物能固定沙石，减弱风力，并改善生长基质的物理结构和化学成分。防治荒漠化的关键就是筛选并种植适合生长的植物。

荒漠真的寸草不生吗？

不是。荒漠里有一类草本植物是"机会主义者"：在持续的干旱条件下，它们的种子混在沙石里，不见踪影；当偶尔发生降水时，这些种子快速发芽、生长、开花、结出新的种子；不久，热闹的草地花海重新转为荒漠，种子耐心地等待下一场雨，但也许要等上好几年。

冷知识

梭梭在干旱炎热的环境里会自动脱落嫩枝，以减少水分散失。

猴面包树的肉质树干含水量可达 80%，是许多动物的饮水来源。

荒漠里有哪些植物？

除了那些依靠降雨才会出现的植物外，荒漠里也有耐旱的灌木和仙人掌类植物。荒漠植物为荒漠动物提供了食物和水分来源。

巨人柱仙人掌的寿命超过 150 年

胡杨在中国、蒙古、俄罗斯等地均有分布

除了草本植物外，荒漠植物通常有很长的寿命。例如，胡杨、巨人柱的寿命都在**百年以上**，马达加斯加的猴面包树则有长达**千年**的寿命。

C3植物每产生1克干物质要散发水380~900克，C4植物为250~350克，而景天酸代谢植物则低至50克。

北美洲的索诺拉荒漠里有一种牧豆树，根系最深能到达地面**50**米以下。

别看梭梭的植株不大，它们在地下占据的范围可不小。梭梭树是中国沙漠造林的重要植物之一。

荒漠植物为什么不会干死？

荒漠植物虽然不能通过行走来寻找水源，但是它们演化出了各种适应特征。

根系发达。荒漠植物通过往下生长的垂直根来获取地下水，或通过较浅的水平网状根系来收集哪怕是少量的降雨和露水。生长在中国阿拉善荒漠的梭梭非常耐旱，它们同时具备以上两种根系：垂直根可深达9米以上，水平根则可延伸到10米以外。

适应干旱环境的C4植物（如玉米、甘蔗）和景天酸代谢植物（如仙人掌、菠萝）。C4植物有发达的维管束鞘细胞，在少量气孔张开的情况下就可进行更高效的光合作用。景天酸代谢植物只在夜间打开气孔吸收二氧化碳，并将之储存起来，用于白天的光合作用。

集水能力。荒漠植物的叶片通常退化成刺或鳞片，避免了叶片的蒸腾作用。棘刺有利于夜间低温时将空气中的水分凝结成露珠滴落，被水平根所吸收。一旦下雨，仙人掌植株可迅速膨大，储存大量水分。

为什么骆驼能在荒漠中生存？

荒漠对人类来说是不宜居住的，但是有不少动物在那里生活，繁衍生息。骆驼就是其中之一，它们能够在荒漠中生存得益于适应荒漠的独特机能。

鼻孔可收缩为细缝状，呼吸频率也相应降低，防止水分散失

两排长长的眼睫毛有助于眼睛抵御风沙的影响

什么动物常在荒漠里？

许多荒漠不仅有动物，而且种类还不少呢，小的如昆虫，大的有鸟类、爬行动物和哺乳动物。很多沙漠动物是夜行性动物——白天在地下休息，以躲避高温天气。所以，烈日下的荒漠静悄悄的。此外，很多荒漠动物还有冬季或夏季休眠的特性，以避开一年中最恶劣的气候。

荒漠里的动物有什么超级技能？

干旱是限制荒漠中动物生存的主要因子。温度则是另一个限制因子。在干热荒漠里，高温影响了动物的分布和数量；而在冷荒漠里，极端低温限制了动物的生存。荒漠动物都有适应其生境的身体特点和活动能力，尤其擅长收集和利用水分。

生活在干热沙漠的蝎子能降低代谢速率，一年里吃 1 只虫子就能活下来了。

不喝水能生存吗？

有些动物能。生物在进行呼吸作用时，通过分解营养物质，产生能量、二氧化碳和水。这个过程中产生的水叫作代谢水。对于荒漠动物而言，代谢水是重要水源，比如北美洲沙漠中的更格卢鼠可以完全不喝水，仅靠代谢水存活。

南极泰勒干谷成团的蓝细菌，它们能分泌防冻物质

冷知识

南极有些地表裸露的干谷，极度寒冷干旱，强风凛冽，一度被认为没有生命。现在，科学家在那里发现了微生物。

中国腾格里沙漠的蜥蜴抬起尾巴，减少身体与滚烫地面的接触

大赤袋鼠也是一种荒漠动物，它们通过在前肢上涂抹唾液来降温

沙漠甲虫从浓雾中取水的方法被科学家研究利用，用以收集空气中的水分

从空气里能喝到水吗？

那要看喝水的姿势对不对。非洲的纳米布沙漠年降雨量少于10毫米。好在那里有来自大西洋的浓雾，有些沙漠昆虫的体表遍布了细微的凸起，它们顶着风，翘起尾部，使浓雾中的水汽在身上凝结成水滴滑落到口中。

驼峰储存大量脂肪，在缺乏水源时，为身体提供水分和能量

厚厚的皮毛不仅在夜间低温时能起保温作用，还能在白天的高温下减少水分蒸发

胃里有储水结构，在水源地可以喝得饱饱的

对大多数哺乳动物来说，体内水分降低**14**%就会脱水死亡。骆驼在体内水分降低**30**%时仍能存活。

宽大的蹄子使骆驼不会陷入沙里

为什么有的荒漠动物耳朵很大？

在干热荒漠这样恶劣的环境条件中，所有动物都面临着同样的问题——如何在这种又干又热的环境里活下来？耳朵具有裸露的皮肤，里面是丰富的血管，只要气温低于体温，耳朵就开始散热。当这类动物找到凉快地方时，就能让耳朵的血管舒张，加速散热。相比于喘气和出汗，靠大耳朵散热不会流失体内水分。

聊狐
◇ 最小的犬科动物
◇ 野外可存活 10 年
◇ 耳部长 10~15 厘米
◇ 重 0.68~1.6 千克
◇ 夜行性的杂食动物

生活在荒漠里的袋鼠的耳朵也很大

什么是趋同演化？

沙漠中的袋鼬和澳洲弹鼠有一些很相像的形态特征和行为，但是它们分属两个目。目是生物分类法中的一个分类阶元，不同目的生物位于演化树的不同分支——也就是说，在漫长的演化过程中，它们是彼此独立的。

但由于生存环境比较接近（比如沙漠的生存条件，只有能够耐受干旱和食物匮乏的物种才能生存），不同的物种逐渐呈现出表型上的相似性——科学家把这种现象称为趋同演化。

翼龙、蝙蝠和鸟类都演化出了翅膀，这就是趋同演化

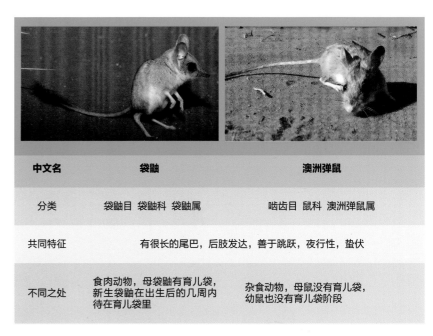

中文名	袋鼬	澳洲弹鼠
分类	袋鼬目 袋鼬科 袋鼬属	啮齿目 鼠科 澳洲弹鼠属
共同特征	有很长的尾巴，后肢发达，善于跳跃，夜行性，蛰伏	
不同之处	食肉动物，母袋鼬有育儿袋，新生袋鼬在出生后的几周内待在育儿袋里	杂食动物，母鼠没有育儿袋，幼鼠也没有育儿袋阶段

更格卢鼠

跳鼠

趋同演化会发生在不同大陆吗？

会的。比如世界各地的沙漠都有干旱和食物匮乏的特征。北美洲沙漠里的更格卢鼠（哺乳纲啮齿目异鼠科更格卢鼠属）和北非/亚洲沙漠里的跳鼠（哺乳纲啮齿目跳鼠科沙漠跳鼠属）都有尾巴细长、擅长跳跃和夜行性等特点，更格卢鼠有蛰伏行为，跳鼠有冬眠行为。

美国亚利桑那州沙漠的北美小夜鹰有长达**85**天的冬眠行为。在此期间，它们的体温降至约**4.8**℃，基础代谢率下降约**93**%。

冷知识

蛰伏不一定都是昏睡，有些动物在蛰伏快结束时会到可以晒到太阳的地方，主动回暖。

寒冷地带动物的耳朵非常小，避免了裸露皮肤散失热量。这叫阿伦规律。

蛰伏的时间从几个小时到数周。袋鼬一般蛰伏**2~16**小时。

蛰伏和冬眠是一回事吗？

这两者都是动物降低体温，进入长期昏睡的状态。冬眠发生在寒冷的季节；蛰伏在四季都有可能发生。除了气温过低外，当食物严重匮乏时，有些动物会主动进入蛰伏状态。

荒漠里有什么会蛰伏的动物？

有蛰伏行为的荒漠动物可不少，比如生活在北美洲半干旱沙漠里的走鹃。当夜间气温骤降时，它们的体温会下降7℃，进入蛰伏，第二天清晨再通过背部的深色羽毛吸收太阳热量，恢复体温而苏醒。

走鹃

沙漠动物的共同特征

擅长跳跃：可以迅速躲避天敌，或提高捕食昆虫的效率。

夜 行 性：除了躲避白天活动的天敌外，也避开了午间的酷热高温，降低身体的能量需求和水分散失。

蛰　　伏：当食物严重匮乏或产生其他严苛的环境条件时，进入休眠状态，待条件恢复时会再度苏醒。

蔚蓝海洋

沧海桑田是真的吗？

沧海桑田，沧海和桑田真能互相转化吗？

海洋和陆地是地球上两类截然不同的生态系统，从太空俯瞰地球，海洋和陆地似乎泾渭分明。然而，在海陆交互的地方，有一类完全不同于两者的生态系统——滨海湿地。

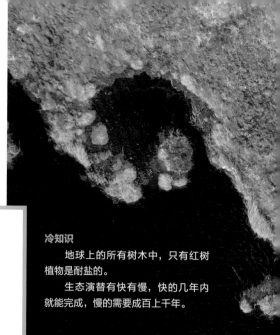

基岩质海岸：有大片的裸露岩石，风化和侵蚀作用显著，植物覆盖度不高，在岩石低洼处会有潮池，固着或附着生长的底栖动物占优势。

沙滩：波浪作用显著，植被覆盖稀疏，海滩上常有与岸线平行的沙堤。

滨海湿地是陆地吗？

滨海湿地是海洋和陆地之间的生态交错区——即两个生态系统间具有活跃相互作用的空间。它们具有陆地和海洋都不具备的若干特征，比如有周期性变化的水位和盐度，以及较快的侵蚀或堆积作用等。

滨海湿地在复杂的海陆交互作用下，形成了多种类型，最主要的几类是：基岩质海滩、沙滩、淤泥质海岸，以及盐沼和红树林等。

红树林：主要分布于热带和亚热带的以红树科植物为主的海岸带，是重要的鱼类育幼场所，对周边海域的渔业资源具有重要意义。

淤泥质海岸：低缓平坦，潮汐影响显著，沉积物以细颗粒泥沙为主，会形成厌氧层，植被稀疏，底栖动物种类丰富，多采用掘穴和底埋方式生活。

盐沼：形成于潮汐作用减弱的淤泥质海滩上，这里的植物既耐盐，也耐淹，植被呈斑块状分布。

潮水会把湿地动物卷走吗？

滨海湿地周期性地被海水或半咸水覆盖，有时水流湍急。滨海湿地的生物具有适应环境的身体构造和行为，既能在水下活动和觅食，又能在退潮后找到庇护所躲避天敌。它们主要是无脊椎动物，包括环节动物、软体动物、节肢动物和棘皮动物等。

植物怎么在潮水里扎根？

滨海湿地上的高等植物不仅要像那里的底栖动物那样能够耐盐、耐淹，还要经得起水流的冲击，尽快扎根生长。

海三棱藨草是长江口淤泥质潮滩上最先生长的高等植物。它们有须根和匍匐根状茎，一旦萌发，就能不断向四周延伸，形成圆形斑块，多个斑块相连成片，使得它们牢牢地固定在湿地中。

沧海怎么能变桑田呢？

在海洋和陆地之间，如果泥沙充足，最初生长的盐沼植物就会拦截泥沙，减缓水流。泥沙越积越多，湿地被潮水淹没的时间也越来越短。于是，越来越多的植物能够生长在那里。那些最初扎根的植物被称为先锋植物。当海水淹没不了堆积泥沙的上层时，就有大量的陆生高等植物在其上生长，人们甚至可以开垦种田。植物群落这种有规律的变化被称为生态演替，沧海也就变成桑田了。

海浪为什么永不停息？

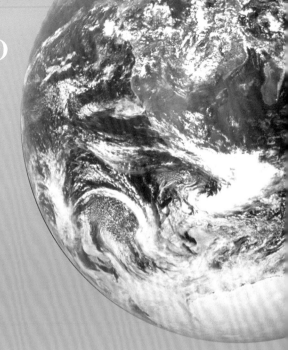

地球表面的70%为海洋。所以从太空看，地球是一颗蓝色星球。海洋是地球上最重要的生态系统之一。

不同海洋之间有分界线吗？

地球上的海洋被陆地划分为五大洋，分别是：太平洋、大西洋、印度洋、北冰洋和南大洋。

五大洋之间是相通的，无论是洋流还是鱼类的洄游，都是在各大洋间自由往来，没有隔离界线。

南大洋

南大洋是2002年由国际航道测量组织正式认定的世界第五大洋，以南纬60°为界向南直到南极洲所覆盖的海域。国际组织则于2021年6月世界海洋日宣布了新的地图政策，正式承认南大洋为世界第五大洋。

黑潮水温较高，冬季水温可比黄海水温高约*20*℃。

海水在流动吗？

大洋是不断流动的水体。影响海水运动的因素很多，包括风力、地球引力和自转偏向力、海底和海岸的地形，以及不同区域的海水盐度、温度和密度差异等，由此产生的具有相对稳定流速和流向的大规模海水运动就叫作洋流。

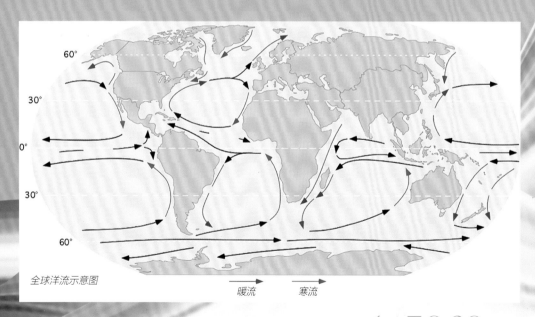

全球洋流示意图

→ 暖流　　→ 寒流

太平洋是面积最大的大洋，总面积为*1亿7868万*平方千米，超过地球上所有大陆和岛屿面积的总和。

洋流对地球有什么意义?

永不停息的洋流使得海洋生机勃勃：营养物和浮游生物随洋流而扩散，有些鱼类随着洋流洄游或觅食……洋流还是全球能量传递的重要途径，会影响全球气候，陆地生态系统也会受到间接影响。

洋流有哪些种类?

洋流可分为暖流和寒流，前者从赤道流向极地，后者则相反。当暖流与寒流交汇时，会产生强烈的扰动作用，把底层营养物质带到表层，形成饵料丰富的渔场。

因为秘鲁寒流的存在，加拉帕戈斯企鹅才能在赤道附近生活

每年9月是北冰洋冰层覆盖面积最低的时候，通常高于400万平方千米，2020年该月数据仅为374万平方千米。

在全球暖流和寒流交汇处，都有较大规模的渔场，例如秘鲁渔场

黑潮

黑潮是离中国最近的洋流，它是太平洋洋流的一部分。黑潮宽约200千米，颜色较深。黑潮来自南亚太平洋的温暖海域，携带着热量北上，有一部分进入中国渤海湾。黑潮的流速很快，很多洄游鱼类比如蓝鳍金枪鱼和日本鳗鲡都会搭乘这趟"快车"。

冷知识

南大洋没有国家领土领海的分布，是五大洋里唯一的公共海域。

南半球的西风漂流是最强劲的洋流，流量巨大，终年阻止温暖海水流向南极，使南极成为一个孤立的巨大冰原。

漂流瓶能漂多远?

有可能非常远。漂流瓶历史悠久，以前人们用它向远方和未来传递心声，现在则偶尔用来进行海洋学研究。漂流瓶（或类似的漂流物）通常会随着洋流漂远，科学家可通过漂流瓶被拾获的地点和时间来推测海洋表层水团的运动。

小黄鸭的旅程

1992年，一艘轮船从中国开往美国，中途一个集装箱掉入海中，约29 000只小塑料玩具漂散在海面上，最醒目的就是小黄鸭。这些小黄鸭有的穿过北冰洋到达了英国西岸，有的越过赤道抵达了南美洲……科学家利用这个事故，收集了后来陆续抵达北美洲各岸段的小玩具，建立了全球洋流模型。

为什么海鱼不会变成咸鱼？

海洋不仅一望无际，而且深不见底，你知道哪些海洋生物呢？为什么它们在其中喝着海水却不会被咸死呢？

我们能直接饮用海水吗？

人类和绝大多数陆地动物都不能直接饮用海水，因为它是咸水。全球海水的平均盐度是35‰（即1000克海水里有35克盐）。当陆生动物摄入过多盐分时，必须通过出汗、排尿和其他泌盐机制排出多余的盐分，否则会引发脱水死亡。

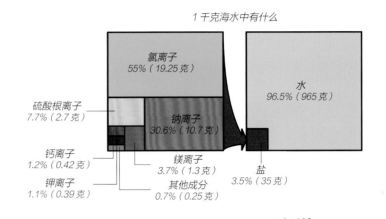

1 千克海水中有什么

氯离子 55%（19.25克）

水 96.5%（965克）

硫酸根离子 7.7%（2.7克）

钠离子 30.6%（10.7克）

钙离子 1.2%（0.42克）

镁离子 3.7%（1.3克）

盐 3.5%（35克）

钾离子 1.1%（0.39克）

其他成分 0.7%（0.25克）

抗盐的鲨鱼
鲨鱼的适应机制与众不同。它们在体内产生并积累尿素，因此体液浓度比海水盐度还高，海水中的盐离子不会进入它们的血液。

海洋鱼类只生活在海中吗？

不一定。有些鱼类在淡水流域和海洋之间洄游。这种洄游分两类：降海洄游和溯河洄游。前者的产卵地在海洋，后者的产卵地在淡水流域。

海洋鱼类会被咸死吗？

其实海洋鱼类一直在不停喝水，它们需要足够的水分来排出多余的盐分。这些水分一部分随尿液排出，另一部分从鳃排出。

地球上约一半的初级生产力来自海洋。

冷知识
死海不是海，而是内陆湖泊，其盐度超过330‰。
去过马里亚纳海沟的人数远低于成功在珠穆朗玛峰登顶的人数，也低于曾经到达月球表面的人数。

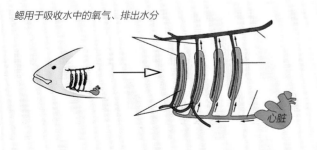

鳃用于吸收水中的氧气、排出水分

心脏

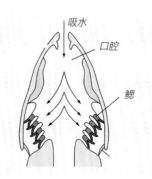

吸水

口腔

鳃

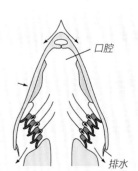

口腔

排水

海底是平坦的吗？

海底世界并不是平坦的：有的地方很浅，比如近岸滩涂和浅海珊瑚礁；有的地方非常深，比如海沟；有的地方像丘陵一般高低起伏。深度对海水的理化特性有显著的影响，进而也影响了生物分布。

全球海洋每年的总初级生产力为 $103 \times 10^{15} \sim 150 \times 10^{15}$ 克碳。

海平面

表层带（透光层）
海洋初级生产力的主要分布区

水母
浮游动物
沙丁鱼　海龟　鲨鱼　章鱼

200 米

中层带（微光层）
几乎没有初级生产力，水温下降明显，可从上部的 20℃ 下降到底部的 4℃

磷虾　乌贼　鲸鱼

1000 米

半深海带
从这层开始，完全没有阳光，水压随深度而上升

巨乌贼　海星　海胆

4000 米

深海带
没有阳光，水压在 200~600 标准大气压之间，有丰富的底栖动物

鮟鱇　幽灵蛸

6000 米

超深渊带
没有阳光，水压超过 1100 标准大气压，人类难以到达此处，对这里的生物多样性了解还很少

巨型管虫

海洋生物生活在同一层吗？

我们熟知的大多数海洋生物都在光线可以穿透的表层带活动，因为那里有丰富的浮游植物吸收阳光，为其他生物提供营养来源。表层带的生物会产生粪便、残骸等食物碎渣，沉入中层带及深海，为那里的生物提供营养来源。有些鱼类和鲸类偶尔会下潜到半深海带，但表层带和中层带是它们的主要栖息地。

深海带和半深海带的生物通常行动缓慢，代谢也较缓，适应食物匮乏的生活环境。它们不会上浮到中层带或表层带。

谁吃掉了鲸鱼？

海洋的生物多样性无比丰富，人类越是向深海探索，就越会发现见所未见的生物类型。它们之间存在复杂的食物链，连巨大的鲸也会被吃掉。

鲸鱼是鱼吗？

鲸鱼是长期以来人们对鲸类的俗称。其实，鲸类和海豚都是哺乳动物，不是鱼类。它们具有哺乳动物最显著的特征：哺乳和胎生。蓝鲸是现存鲸类中体形最大的，身长可长达30米以上。

潜水高手抹香鲸，能潜到2000米的海下

鲨鱼是鱼吗？

鲨鱼是鱼类，不同种类的鲨鱼有不同的繁殖方式——卵生、胎生和卵胎生都有。鲨鱼的卵袋有奇怪的形状：有的像一只长方形的手袋，有卷须缠绕在海藻上；也有的是螺旋形，看起来像一丛海藻。

鲨鱼中体型最大的是鲸鲨，体长近20米

巨型管虫是深海热泉附近的重要生物，它们没有嘴和消化道，体内有几千亿个细菌与之共生

海洋生物谁吃谁？

丰富的海洋生物构成巨大而复杂的食物网，通过营养关系，成为一个整体。食物网的营养入口就是聚集在表层带的浮游植物和海藻。它们通过光合作用，产生氧气和有机质，成为支撑整个食物网的营养基础。

由于绝大部分可进入海水的阳光都集中在表层带，所以食物网中的大多数生物都分布在海平面以下200米的范围内，或在该范围内觅食。

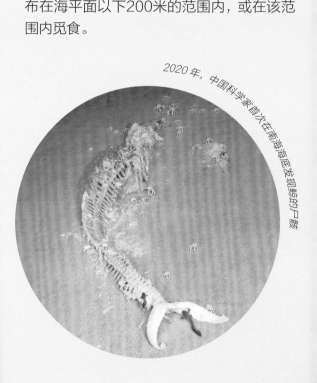

2020年，中国科学家首次在南海海底发现鲸的尸骸

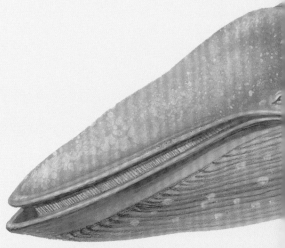

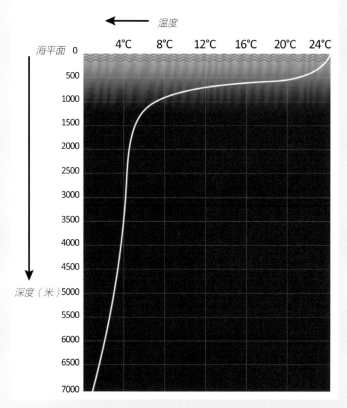

温度

海平面 0   4℃   8℃   12℃   16℃   20℃   24℃

深度（米）

热带海洋温跃层：温度在 100~1000 米之间急剧变化，深度到达 1500 米下后温度接近恒定

海底火山口有生命吗？

热液（火山口）和冷泉是海底的生命绿洲。热液和冷泉都是从地层中溢出的流体，它们温度不同，但都富含矿物质以及二氧化碳、硫化氢或碳氢化合物等。化能自养细菌等无需光照，可利用矿物质，通过化学反应合成有机物并获得能量。其他生物则以它们为食，或者与它们共生获得营养。

人类排放的二氧化碳，有约1/3被海洋吸收。

海底的生物吃什么？

海底生物都盼着"从天而降"的食物。海洋水体的水温是上下不一致的：表层海水在日光照射下更温暖，因此密度较小；随着深度的增加，光线越来越弱，温度也会下降。在水温较高的表层和其下的冰冷海水之间形成温跃层，在缺乏外力（比如湍流）的情况下，暖水和冷水之间不会发生完全的混合。

温跃层阻止了表层水体中营养物质的向下迁移。在大洋深处的冰冷海水里，仅有来自上层海水有限的碎屑物（包括动物残骸、粪便等），食物匮乏是普遍现象。死去的鲸会沉到海底，成为海底生物可以享用很久的美食。

珊瑚是动物、植物还是礁石？

色彩缤纷的珊瑚礁创造了一类生物多样性非常高的海洋生态系统。

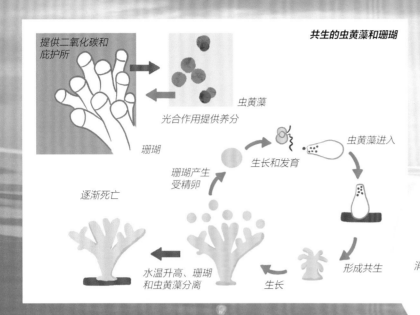

共生的虫黄藻和珊瑚

提供二氧化碳和庇护所

虫黄藻

光合作用提供养分

珊瑚

珊瑚产生受精卵

生长和发育

虫黄藻进入

逐渐死亡

水温升高、珊瑚和虫黄藻分离

生长

形成共生

珊瑚礁只占海洋面积的 0.5%，但海洋鱼类中近 30% 的种类受益于它们。

仅印度洋—太平洋海域的珊瑚礁就有超过 5000 亿株珊瑚，比亚马孙雨林的树木数量还多。

珊瑚是礁石吗？

珊瑚礁不是地质作用形成的礁石。珊瑚礁是由千万只珊瑚虫的外骨骼堆积形成的。珊瑚虫属刺胞动物门珊瑚纲，是一类无脊椎动物，能利用海水中的钙和碳酸盐来形成石灰质骨骼，并通过分裂和出芽等无性繁殖的方式实现个体的堆叠，最终形成珊瑚礁。不过，有些珊瑚是不会造礁的。许多珊瑚虫聚合成一个大群体，形成珊瑚。

触须

表皮

口

中胶层

消化循环腔

膈膜

基板

珊瑚虫

虫黄藻

刺细胞

① ② ③

刺胞动物的刺细胞

固定不动的珊瑚怎么吃东西？

珊瑚虫的顶部有6、8、12或16个触手，触手中央有口。触手搅动水流并捕食。生活在浅海的珊瑚虫有一个更重要的营养来源——与之共生的虫黄藻。虫黄藻生活在珊瑚虫体内，通过光合作用，为珊瑚虫提供营养物质和氧气，珊瑚虫则为它们提供安全的栖息场所和光合作用所需的二氧化碳。与虫黄藻共生的珊瑚虫严重依赖这一关系，因此它们分布在光照充足的低纬度浅海区，一般水深在200米以内。

冷水珊瑚

2020年，科学家在澳大利亚大堡礁发现一株高度超过500米的独立珊瑚（比东方明珠还高）

珊瑚能生活在多深的海底？

除了暖水种外，还有一类珊瑚是冷水种。它们分布在表层带以下，最深可达水下3000米——那里没有光照，海水寒冷，自然就没有共生的虫黄藻，生长所需能量全部依靠自己摄取。

小丑鱼会躲在海葵的触须里

为什么珊瑚礁附近有很多动物？

暖水种珊瑚形态各异，有的是树枝状，有的是有丰富纹路的半球状，有的是平板状，形成了各式各样的复杂的小生境。生活在珊瑚礁中的许多动物或隐藏自己逃避天敌，或守株待兔等待猎物，或与共生伙伴固守在一起。共生关系在珊瑚礁生态系统内较为普遍。

冷知识

海葵和珊瑚虫是近亲，它们都是刺胞动物门珊瑚纲的。

每平方厘米的珊瑚表面积下共生着100万个虫黄藻。

藤壶会粘在海龟的背上生活

什么是共生？

共生是两种不同生物之间较为紧密的关系：如果双方都得到好处，形成双赢效果（比如珊瑚和虫黄藻），这就是互利共生；如果只有一方得到明显的好处（比如海龟与藤壶），这就是偏利共生。丰富的共生关系是珊瑚礁生态系统具有丰富生物多样性的主要原因之一。

生生不息

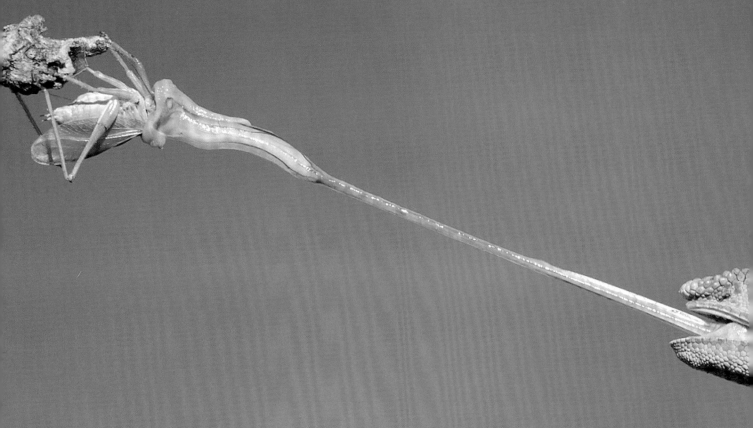

斑马是怎样迁徙的？

在应对食物资源不足或环境因素剧烈变化时，有些动物就地休眠，有些动物进行长距离迁徙，去一个食物资源更丰富的地方，比如斑马。

斑马吃什么？

斑马是一类生活在非洲稀树草原上的大型食草动物。禾本科植物占了其食谱的90%。斑马不像牛那样可以反刍，所以它们必须持续地啃食草类，胃口很大。

斑马为什么要迁徙？

斑马和其他大型食草动物一样，成群分布，在迁徙季节会形成1000头以上的大群。它们在旱季时生活在常年有水的地方，雨季时，它们通过迁徙，不断找到因降雨形成的湿地和新鲜草地，那里的草更丰富更有营养，这样也避免了旱季栖息地被过度啃食。

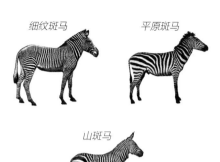

细纹斑马　　平原斑马

山斑马

现存的三种斑马

斑马耐旱吗？

斑马有一定的耐旱能力，当找到水源时，就畅饮一番。

20世纪初期，非洲博兹瓦纳大规模竖立畜牧围栏后，斑马的迁徙被阻断，多次发生旱季大规模的死亡事件。近年来，为了保护斑马以及其他大型食草动物，人们开始拆除围栏。

在非迁徙期，斑马每天醒着的时候有*60%~80%*的时间在吃草。

冷知识

在炎热的白天，斑马黑色条纹上的毛会竖立起来，提高散热效率，白色条纹上的毛则还是趴着的。

斑马会走回头路吗？

很多因素都会导致斑马迁徙中断甚至放弃迁徙。降雨是主要的自然因素，迁徙路线上的畜牧围栏和道路则是主要的人为因素。全球气候变化也正在威胁动物迁徙，厄尔尼诺事件和拉尼娜事件导致降水发生剧烈变化，出现雨季过短甚至数年干旱或者雨量过大的情况。2007年，由于雨季过短，前往马卡迪卡迪盐沼的斑马群中途返回了奥卡万戈三角洲。

迁徙对小斑马很重要，找不到水草丰美的地方，会导致幼马夭折

平原斑马是分布最广的一种斑马

最长的一条斑马迁徙路线是从纳米比亚到博茨瓦纳，有**500**千米长。

斑马的迁徙路线固定吗？

不是特别固定的，不同的斑马群有不同的路线。斑马的集群迁徙始终是一个谜团。它们是如何记住路线的？它们怎么知道到达目的地时正好雨水滋润，草木茂盛？以前，人们观察到从塞伦盖提大草原到马赛马拉河是一条延续至今的迁徙路线，就认为斑马通过记忆来完成迁徙，也就是说，幼马通过参与迁徙来建立记忆，并代代相传。

现在，科学家通过卫星跟踪和建立数学模型等手段初步断定，雨情和沿途的草类生长状况是帮助斑马判断迁徙方向和速度的重要因素。博兹瓦纳境内竖立几十年的畜牧围栏拆除后，斑马走出了一条从奥卡万戈三角洲到马卡迪卡迪盐沼的新迁徙路线。这条路线有250千米长。

冷知识
博兹瓦纳的国徽上有两头斑马。

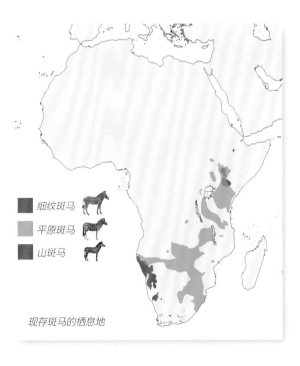

细纹斑马
平原斑马
山斑马

现存斑马的栖息地

狮子如何捕猎？

狮子是非洲草原生态系统的顶级捕食者，也是那里的关键物种。

从捕猎能力看，雌狮更胜一筹。雄狮的浓密鬃毛在追逐猎物时几乎就是累赘，妨碍散热。雌狮体型较小，也更灵活，而且它们相互配合，采取伏击或堵截的战术。雄狮只在雌狮遇到劲敌时才会出手相助。领域内的动物，大到水牛，小到鸟类，行动敏捷如斑马和羚羊，都在狮子的捕猎范围内。

两千多年前亚述王国的浮雕描绘的猎狮景象

狮子的鬃毛是干嘛用的？

有鬃毛的是雄狮。雄狮的外形与雌狮有很大的差异。它们独有的浓密鬃毛，从头部延伸到肩部和胸部，体形明显比雌狮更高大强壮。雌狮更青睐于那些鬃毛浓密的雄狮。雄狮作为勇武的象征很早就出现在人类文明中，驯服或猎杀雄狮象征着皇权的至高无上。

被打败的雄狮成为流浪者，会在狮群领地的外围活动

狮子不完全靠捕猎获得食物，啃食动物残骸和争夺其他动物的食物（比如从鬣狗嘴下夺食）能占到其食物来源的40%。

狮王的位子代代相传吗？

不，那个位子可是经历殊死搏斗而赢得的。狮子过着群居生活。通常，一个狮群由2至4头雄狮、20余头雌狮及其幼崽组成。狮子几乎没有天敌，但是幼狮的死亡率较高。

相比来说，小雌狮更容易存活。当狮群的首领被其他雄狮挑战并赶走后，新狮王会咬死前狮王留下的雄狮幼崽，然后与雌狮交配，生下自己的幼崽。如果狮群里的雄狮有幸长到成年，要么挑战父王，取而代之，要么出走去挑战其他狮群，开拓自己的地盘。无论哪一条路，都充满血腥。

雄狮和雌狮一起抚育幼狮吗？

不。雄狮在大部分时间里独来独往。狮群的领域性非常强，如果食物丰富，一个狮群的领域至少有20平方千米，如果食物匮乏且分散，其领域可达400平方千米。狮王要保护这个领地不被其他雄狮侵入。捕猎、抚育幼狮以及教幼狮捕猎的任务就由成年雌狮承担。

狮子每天休息约 20 小时，余下的时间里有约 2 小时是闲逛。

发达的犬齿

雄狮有鬃毛

爪子可伸缩

前足五趾

后足四趾

冷知识

并非所有动物都不是狮子的对手，豪猪凭借背上的长刺能使狮子受伤，影响其以后的捕猎能力。鬣狗能成群围攻独行的狮子，甚至置之死地。

雌狮合作捕猎角马

没有狮子，是不是其他动物就得救了？

不会。如果狮子在非洲草原上消失，食草动物的数量在短期内会快速上升，使得草原被过度啃食，进而产生食物和水源的严重短缺，加剧食草动物之间的资源竞争，从而导致大部分食草动物的种群萎缩。这对非洲的草原生态系统及其生物多样性而言是一个灾难！

狮子的骨骼肌占其体重的 58.8%，是哺乳动物中肌肉比例最高的。

冷知识

狮子是唯一一种雌雄两态的猫科动物。

狮子尾端有一簇毛，这是它们的一个重要特征。历史上，东非的马赛族男性在成年时通过猎狮并留取狮尾来证明自己的威武。

■ 历史分布
■ 现有分布

狮子的历史分布区和现有分布区

世界上有多少狮子？

目前，狮子的数量已经锐减。在晚更新世时期（1万年前），狮子曾是地球上分布最广泛的大型食肉动物，遍布非洲、南欧、西亚乃至印度的草原。目前，估计全球的狮子总数仅20 000头左右，绝大多数分布在非洲撒哈拉沙漠以南，极少数分布在印度。

水鸟迁徙时吃什么?

在全世界1万多种鸟类中，有很大一部分是迁徙的水鸟。它们每年的迁徙距离在几千千米以上。那么，穿越茫茫大海时，水鸟们以什么为食呢? 不同的水鸟的食物是不同的，它们有的吃软体动物，有的吃小鱼小虾，还有的会吃昆虫等。

一些水鸟为什么要迁徙?

水鸟是一类栖息在水边和浅水区域的鸟类。亚太地区的迁徙水鸟每年往返于越冬地（赤道附近至南太平洋岛屿）和繁殖地（北极和亚北极地区）。

夏季的日照时间是一年中最长的，昆虫和草本植物等水鸟的食物是一年中最丰盛的时候，而且资源竞争者较少。夏季的冰雪覆盖面积最小，露出的苔原给水鸟提供了广袤的营巢空间；而且天敌相对较少，雏鸟有一个较为安全的生长环境。北半球夏季结束时，日照时间渐短，食物资源迅速匮乏，这时候飞往温暖的南方甚至到进入夏季的南半球去，又能解决温饱问题。

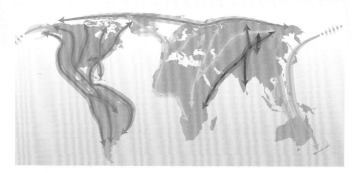

全世界鸟类迁徙路线图

中国的海岸带位于东亚——澳大利西亚迁徙路线上，每年约 **55** 种鸟类，约 **500** 万只鸟在迁徙过程中路过这里。

蛎鹬	喙长而粗壮，啄开贝壳，取食其中的肉
翻石鹬	喙微微上翘，翻动地上的石块和其他覆盖物，寻找躲藏在下面的小动物
环颈鸻	喙细短，取食泥滩表面的小型无脊椎动物
反嘴鹬	喙明显上翘，擅长在浅水中捞取猎物

北极燕鸥雏鸟孵化的当年，就要远飞到南极洲

水鸟的食物一样吗?

有些水鸟能够不停歇地飞到目的地。大部分水鸟会在迁徙过程中选择具有丰富饵料的滨海湿地停歇几次，补充能量。水鸟通常有细长的鸟喙和腿，很适合在潮湿泥滩甚至浅水地带觅食。当大群水鸟混群觅食时，大家都各凭所能，不同长度的喙决定了不同的觅食技能和食物类型，因此减少了对食物的竞争。

红腹滨鹬	喙长 30~40 毫米
小杓鹬	喙长 40~50 毫米
斑尾塍鹬	喙长 70~100 毫米
大杓鹬	喙长 >130 毫米

水鸟如何决定抵达时间？

迁徙水鸟抵达停歇驿站的时间通常和当地饵料的丰度变化相关。比如，西半球的红腹滨鹬从阿根廷南端的越冬地飞往北极途中，会在美国东北部的特拉华湾停歇，它们抵达时恰逢那里的鲎刚产完卵，因此可以饱餐一顿。

水鸟迁徙时都停在哪里休息？

淤泥质潮间带、盐沼以及红树林是水鸟迁徙路线上最重要的停歇驿站。这些湿地通常面积广大，底栖动物生物多样性和生物量都很高，天敌和人类活动相对较少，适合集群迁徙的水鸟短暂停留。

冷知识

斑尾塍鹬是长途迁徙的冠军，科学家发现有一只斑尾塍鹬的不停歇飞行里程长达 12 000 千米！

鸟类迁徙并不都发生在白天，很多鸟类在夜晚迁徙。

如何保护迁徙的鸟？

如果得不到足够的能量补充，迁徙水鸟会出现种群数量下降的情况，失败的迁徙直接降低了第二年能够抵达繁殖地的成鸟数量。所以，人们最早对湿地的重视源自对迁徙水鸟的跨国界保护。1971年，世界上一些国家签订了第一个旨在保护湿地的公约——《关于特别是作为水禽栖息地的国际重要湿地公约》，即现在的《拉姆萨尔公约》。

弯曲的嘴方便捞取猎物

长腿让水不会沾到羽毛

宽大的脚掌适合在滩涂上行走

飞往北极的三趾鹬是停歇驿站的大胃王，每天摄食约14小时，平均每5秒钟就吃掉1只鲎的卵。

植物需要哪些营养元素？

营养元素的分布决定了生态系统的生产力，农业生态系统在工业化化肥生产后出现了量的飞跃。

植物为生态系统提供初级生产力，它们需要约16种元素，分别是碳、氢、氧、氮、磷、硫、钾、钙、镁、铁、锰、锌、铜、钼、硼和氯。其中以氮、磷、钾等最为重要。

植物是如何利用氮的？

氮是蛋白质、氨基酸、核酸等生物合成物质的组成部分。氮元素在地球上的含量很丰富，在大气圈、水圈和岩石圈中都有。大气中78%为氮气，但能被生物吸收利用的仅限于溶解态含氮化合物。闪电有固氮的作用：将大气中的氮气转变为一氧化氮，并随雨水进入地表，形成生物可吸收的硝酸盐。还有一部分可利用的氮来自生物固氮：比如，与豆科植物共生的根瘤菌，能捕获并转化环境中的氮气。

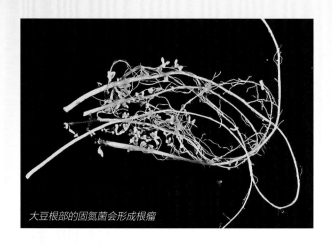

大豆根部的固氮菌会形成根瘤

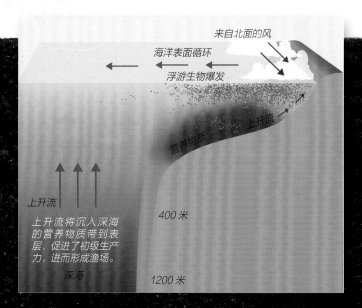

来自北面的风

海洋表面循环

浮游生物爆发

营养物质

上升流

上升流

上升流将沉入深海的营养物质带到表层，促进了初级生产力，进而形成渔场。

深海

400 米

1200 米

磷和钾在哪里？

与氮相比，磷和钾只分布在岩石圈和水圈。陆地植物可吸收的磷来自风化作用、火山作用和生物作用（动物粪便）等。磷很容易因为土壤侵蚀而流失。进入海洋的磷会逐渐下沉，除非有上升流将之从深海带到浅海区，被浮游植物和其他藻类吸收，从而重新进入生物圈。

人们曾经如何获取肥料？

在自然状态下，土壤中的必需元素非常有限，所以农业产量总是不高。但是人们仍然能够通过一些方式来获取农田所需的营养元素。

氮、磷、钾——粪便
钾——草木灰
氮——豆科植物（比如苜蓿）
　　其他作物轮作（即交替种植豆科植物和其他作物）
　　套种（将豆科植物与其他作物混合种植）

每年，闪电的固氮量为$3 \times 10^6 \sim 10 \times 10^6$吨，
细菌的生物固氮量为$100 \times 10^6 \sim 300 \times 10^6$吨。

肥料是不是越多越好？

不是。植物对各营养元素的需求是不同的。19世纪中期，德国化学家李比希发现，当土壤中的必需元素中有一种在比例上显著少于另外几种时，如果不及时补充那个短缺的元素，其他元素再多也无助于植物生长，这种受限于最为缺少的（相对需求而言）必需元素的情况被称为李比希最小因子定律，而那个稀缺元素则为限制因子。

尤斯图斯·李比希
（*Justus Liebig*，
1803—1873）发现
了氮对于植物营养的
重要性，因此也被称
为"肥料工业之父"。

冷知识
海鸟粪在印加帝国时期（11~16世纪）已经广泛用作肥料，印加国王为各城邦分配可获取海鸟粪的海岛，以平衡各地的肥料需求。

爆发水华的水体中，由于藻类数量剧增，消耗大量溶解氧，导致其他水生生物的死亡

水中的营养太多会怎样？

土壤中过量的营养元素会随着径流进入湖泊和海洋，诱发藻类的过度生长，形成湖泊水华或海洋赤潮。这种自然水体的富营养化现象是工业化生产肥料后产生的最严重的环境问题之一。

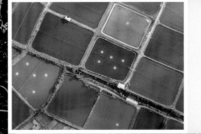

桑基鱼塘
桑基鱼塘是中国的一个传统农业模式，它增强了营养物质在系统内的循环——鱼塘的排泄物和淤泥成为塘基作物（桑树）的肥料来源，桑叶喂蚕后产生的蚕粪以及塘基作物的凋落物则进入鱼塘，成为鱼饵。

自然奇谈

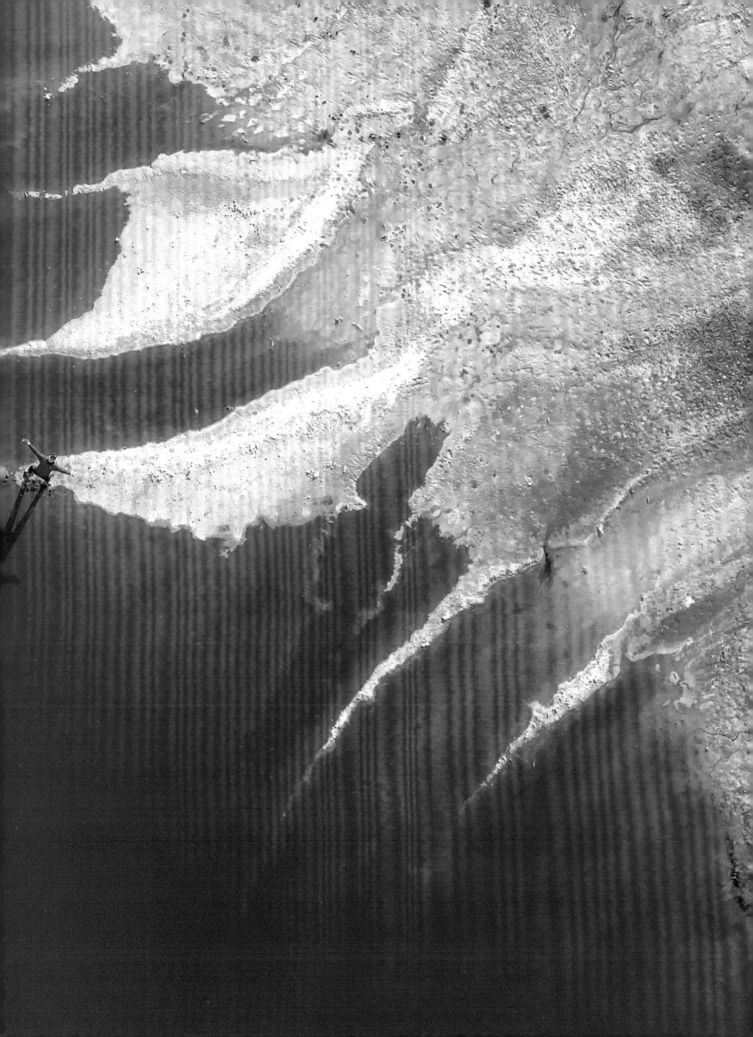

岛屿真的与世隔绝吗？

　　岛屿是散落在海洋中的陆地，是人们认识生物多样性和进化的理想场所。很多岛屿远离大陆，它们是不是真的与世隔绝呢？空间上来看，岛屿不和陆地相连，阻碍了很多陆地生物的迁移。但有的生物会飞或会游泳，它们仍然可以到达岛上，所以说岛屿绝非与世隔绝的。

马尔代夫的首都马累建造在珊瑚岛上

冷知识
　　岛屿上的鸟类特有种通常飞行能力都很弱。因为岛上没有天敌，而且食物资源有限，和飞行相比，地栖不用消耗太多能量。

如果没有人为干预，夏威夷群岛每 25 000 至 100 000 年才有 1 个物种能够成功在岛上定居。

岛屿是如何形成的？

　　岛屿有多种成因：
　　◇ 因为地质原因或海平面上升，从大陆分离了出去，比如中国的海南岛；
　　◇ 波浪或潮流通过搬运泥沙，形成岸线外的沙洲和岛屿，比如长江口的诸多岛屿（崇明岛等）；
　　◇ 珊瑚礁形成的岛，比如中国的南海诸岛；
　　◇ 海底火山喷发形成，比如夏威夷群岛。
　　前两种岛屿都距离大陆较近，甚至已经有人定居，物种交流也较频繁。后两种岛屿可能距离大陆非常遥远，它们的生物群落及其发展是科学家最为关心的。

加拉帕戈斯群岛上的陆鬣蜥的祖先可能就是通过浮木从南美洲漂流到此的

岛屿上的生物是从哪里来的？

　　岛屿上的生物来自其他陆地生态系统，比如附近的其他岛屿或者大陆。把它们带到岛上的途径有风、海水、漂浮木、鸟类和人类。但是，并非所有被带到岛上的生物都能存活，只有那些不仅能够生存，也能繁殖的生物才能真正定居岛屿。

鸟类是帮助种子扩散的好手
果实被鸟类取食后，种子通过粪便扩散。带细钩或具有黏性的种子粘在鸟类羽毛上。附带在鸟类足部的泥里。

地球上有超过*100 000*个岛屿，其上的物种量约占全球生物多样性的*20%*。

为什么岛屿生物容易灭绝？

岛屿的生物多样性不一定很高，尤其在岛屿形成初期。但是随着时间的推移，那些成功定居的物种会发生生理和行为上的变化，能更好地适应岛屿环境，最终成为特有种（即该物种的分布仅局限于某一特定的区域）。

特有种对所在岛屿是高度依赖的，岛上的种群消亡就意味着该物种在全球范围内的灭绝。所以，岛屿成为全球生物多样性保护的热点地区。

冷知识

人类对岛屿特有种的干扰除了过度捕杀外，还有天敌物种的引入。例如，野兔和家猫已经成为澳大利亚的生态杀手。

渡渡鸟是南太平洋毛里求斯岛的特有鸟种，由于人类的捕杀，在十七世纪中期灭绝

目前已确定的灭绝物种中，有*80%*是岛屿生态系统中的生物。

岛屿上的物种会越来越多吗？

根据岛屿生物地理学理论，岛上的物种数量和群落结构处于动态过程中。岛屿面积越小，或者离大陆越远，无论是通过鸟类还是风力或波浪，扩散到岛上的种子就越少，因此物种数量就越少，并且群落结构也越不稳定。

由于岛屿的面积有限，当物种数量和个体越来越多时，对食物和空间资源的竞争也日趋激烈。此时，就可能出现某些物种在岛屿上的灭绝。

当岛屿上的物种迁入数量和灭绝数量持平时，岛屿上的生物群落处于平衡状态。

灭绝

演化   迁入

形成

蜜蜂消失了会怎样？

蜜蜂是生态系统中的重要物种，它们的重要性可不仅仅是为人类提供蜂蜜这么简单。

蜜蜂的消失首先会造成蜂蜜等产品的消失。其次，更可怕的是危及经济作物中的虫媒植物——它们依靠昆虫来传播花粉，繁殖后代。蜂类是重要的传粉昆虫，许多蔬菜和水果都依赖它们传粉。如果蜜蜂消失，这些经济作物的产量也会受到影响。

能被人工养殖的蜂都是蜜蜂属的，它们只是蜂类大家族中的一小部分

这只浑身粘满花粉的是熊蜂

除了蜜蜂之外,还有什么蜂？

当人们提到蜂时，谈论最多的大概就是人工养殖的蜜蜂。人类驯化养殖的蜂类都是蜜蜂属的，比如中国最常见的中华蜜蜂。

除此之外，还有许多种野蜂，它们和蜜蜂一样，也会采食花粉和花蜜。各种蜂不仅有体形上的区别，在生活方式上也差异很大。有些蜂具有高度组织化的社会性，有些蜂的社会性较弱（比如熊蜂，只具备部分社会性特征），而更多种类的蜂则是独行侠。

我是独行侠！

泥蜂

成年的工蜂每天要吃 $3.4\sim4.3$ 毫克的花粉。

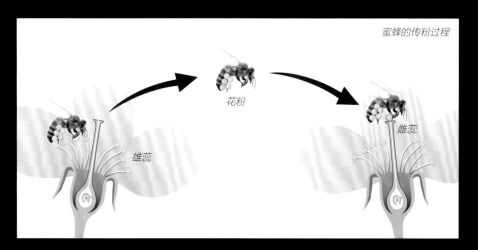

蜜蜂的传粉过程

花粉

雄蕊

雌蕊

蜜蜂会灭绝吗？

进入21世纪后，世界各地越来越频繁地发生蜂群危机事件：蜂群内的工蜂突然大量失踪或死亡。由于蜂群具有高度的社会分工，其他分工群体（雄蜂、蜂王等）的幸存个体无法替代消失的工蜂，因此导致整个蜂群消亡。

全身布满了密密麻麻的短毛，可以吸附花粉

1 对复眼位于头部两侧，由 6000 只小眼组成

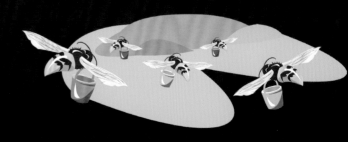

哪些因素会导致蜂类的消失？

对于养殖蜜蜂来说，蜜蜂微孢子等病原体是导致蜂群死亡的元凶。这类病原体会随着蜜蜂的传粉而传播，甚至能感染野蜂和其他传粉昆虫。

其他危及蜂类的主要因素还有：气候变化和天气异常、植物开花时间过早或过晚都会影响蜂类觅食；因农业和城市开发导致蜂类的蜜源锐减；不恰当的杀虫剂使用。

全世界至少 *1/3* 的农作物依靠昆虫传粉，蜂类是主要功臣。

全世界蜂的种类约 *20 000* 种。

冷知识

蜂的种类非常多，比鸟类和哺乳动物种类总数目还多。

蜂很早就出现在人类历史中：人类采集蜂蜜的记录最早见于 10 000 年前，北非先民在 9000 年前就开始在陶罐里养蜂，古埃及人和亚述人是最早的养蜂人。

每年 5 月 20 日是世界蜜蜂日。

我们如何保护蜜蜂？

养殖蜜蜂只是蜂类中的一小部分。在养殖蜜蜂频繁发生危机的情况下，更要保护蜂类的生物多样性。科学家已经发现：在同一片区域内，野蜂种类越丰富，养殖蜜蜂感染病原体的概率就越低，反之亦然；在同一片虫媒植物农田中，野蜂种类越丰富，作物产量就越高，品质也越好。

所以，保护蜂类的生物多样性远不止我们所熟知的物种，还要包括那些我们未必熟悉甚至尚未认识的野生蜂类以及它们的栖息地。

湖水有哪些颜色？

自然水体的颜色丰富多彩，有的纯净，有的瑰丽，有的却是病态。

为什么水的颜色不同？

自然界里没有"绝对纯净"的水。所有水体中多多少少都会有浮游生物、矿物质、腐殖质和少量气体。

浮游生物会显著改变水体颜色。浮游生物门类繁多，其体内有多种色素（如叶绿素、藻蓝素、藻红素、类胡萝卜素等），会使水体出现绿色、蓝绿色、褐色、赭红色等各种颜色。自然水体中通常含有多种浮游生物，它们的此消彼长导致藻类色素的组成不断变化，因而产生丰富多变的水色。

没有杂质的水是无色透明的

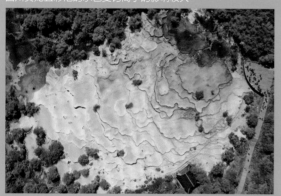
四川黄龙五彩池的水色受钙离子的影响较大

为什么同一片水体可以五颜六色？

矿物质也会影响水体颜色。天然水体受到周围陆地风化和冲刷的影响，当水体中的铁离子、锰离子或钙离子增加时，水体颜色会出现红色、橙色和青色等各种颜色。

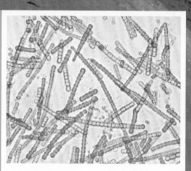
蓝藻也叫蓝细菌，它们可以进行光合作用。蓝藻以前被认为是藻类，现在被归为细菌——因为它们没有真核生物应具有的核膜、细胞器和染色体。

为什么森林中的湖泊有时候是褐色？

水体及其周边的生物群落所产生的腐殖质随着径流进入湖泊，进一步分解为单宁酸等可溶解有机物，使得水体出现茶褐色。散布在森林或湿地中的小型湖泊常常如此。

水越透明越好吗？

自然水体受到复杂因素的影响，水色是清澈还是浑浊，并无好坏之分，它们都有与之适应的处于动态平衡的生物群落。

水体中的悬浮物和浮游生物是影响水体透明度的主要原因。浮游生物越少，水体透明度越高。浮游植物是水生生态系统食物链的基础。因此，越是清澈的水体，其中的生产者也越少，鱼类就没有食物——真的是"水至清则无鱼"啊！

湖水变绿正常吗？

有些湖泊在每年春季会变绿，仿佛从冬季中苏醒过来似的——随着浮游植物的大量生长，浮游动物随之快速增多，它们都是鱼类和无脊椎动物的饵料，因此整片水体都欣欣向荣起来了。这种绿水并不持久，当浮游植物被大量取食后，水体透明度和水色都会恢复。在中高纬度的海域，早春也会出现类似情况。

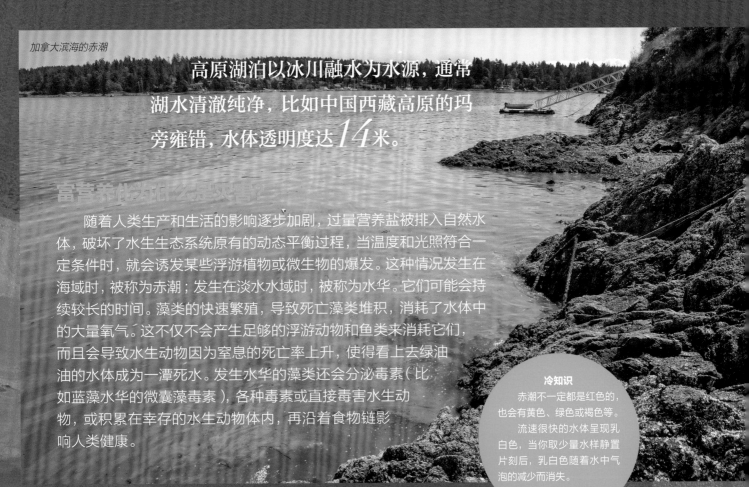

加拿大滨海的赤潮

高原湖泊以冰川融水为水源，通常湖水清澈纯净，比如中国西藏高原的玛旁雍错，水体透明度达**14**米。

富营养化为什么可怕？

随着人类生产和生活的影响逐步加剧，过量营养盐被排入自然水体，破坏了水生生态系统原有的动态平衡过程，当温度和光照符合一定条件时，就会诱发某些浮游植物或微生物的爆发。这种情况发生在海域时，被称为赤潮；发生在淡水水域时，被称为水华。它们可能会持续较长的时间。藻类的快速繁殖，导致死亡藻类堆积，消耗了水体中的大量氧气。这不仅不会产生足够的浮游动物和鱼类来消耗它们，而且会导致水生动物因为窒息的死亡率上升，使得看上去绿油油的水体成为一潭死水。发生水华的藻类还会分泌毒素（比如蓝藻水华的微囊藻毒素），各种毒素或直接毒害水生动物，或积累在幸存的水生动物体内，再沿着食物链影响人类健康。

冷知识

赤潮不一定都是红色的，也会有黄色、绿色或褐色等。
流速很快的水体呈现乳白色，当你取少量水样静置片刻后，乳白色随着水中气泡的减少而消失。

发生水华时，藻类密度可高达**6000**万个/升。

野火是灾害还是生机？

在自然界中，会有一些非人类因素引起的火灾。这些野火不一定都是灾害。它们也会给生态系统带来新的生机。

火灾罕见还是常见？

野火最初是因为闪电或火山爆发的火星导致的。形成自然野火需要三个要素同时得到满足，即氧气、可燃物（比如木材）和足够高的温度。科学家目前发现的最早的过火痕迹是4.4亿年前志留纪植物的炭化残骸和具有炭化痕迹的化石。志留纪的一个重要的标志就是出现了维管束植物。从那以后，自然野火就越来越普遍了。

全球范围内受火灾威胁的物种超过4400个。

野火一定是灾难吗？

火是陆地生态系统自然过程的一部分。在非洲的稀树草原，自然发生的地表火能抑制灌木的生长，使草本植物在火灾后能迅速生长，有利于那些喜欢开阔草原的食草动物。

在森林中，低强度的地表火清理了地面的枯枝落叶层，也会使发生病虫害的树木倒伏，地表火对健康林木的影响较小。有些植物种子，必须经过火烧或高温才会萌发。例如，松树的球果在树上宿存多年，野火发生后，种子被大量释放，散播在被野火清理过的林地上，由于有足够的空间和光照，可以很快萌发。这种生活史策略被称为延迟开放。

只有熊熊燃烧的才是野火吗？

野火有多种分类。根据野火在森林中的燃烧位置可分为三类。

地下火：通常只有烟雾，没有明火，可燃物为地面的腐殖质和枯枝落叶层。

地表火：火苗沿着地面蔓延，林下层（如灌木、幼树等）是主要的可燃物，一般不会燃烧至树冠。地表火有可能演变为树冠火，比如长期干旱和突然增强的风力。

地下火　　　　地表火　　　　树冠火

树冠火：火焰遍及离地较高的树冠层，是高强度的火，随着风力和风向而蔓延，从林下层到树冠都会被烧毁，即使是具有抗火性的树种也不能幸免。树冠火的破坏力最大，是一种灾害。

在塞伦盖蒂大草原，如果长期缺乏自然地表火，管理部门就要进行受控点火

在 2019 年至 2020 年澳大利亚持续多月的大火中，超过 30 000 只树袋熊葬身火海。人们在奋力扑火时，也忙着转移森林中的树袋熊

火灾后的森林还能恢复吗？

火灾过后，生态系统进入新一轮的演替。但是，自然恢复需要很长的时间：植物群落需要几十年甚至上百年才能到达演替顶极；森林中的动物种群不仅数量下降，还丧失了栖息地，面临着更加艰难的恢复过程。

冷知识

黑腹走鸻生活在非洲稀树草原，它们总是寻找刚发生过野火的空地作为繁殖地，蛋壳的颜色和焦土很像。

干燥的地方也需要野火吗？

在干燥或炎热地区，林下的落叶层过于干燥时，难以被微生物降解，通过小规模、低强度的地表火，能释放其中的营养物质，起到了"分解者"的作用。地表火还会及时清理堆积的可燃物，避免发生高强度的树冠火。

为什么野火通常会被视为灾害？

失控的高强度树冠火是生态系统的巨大灾害。除了威胁当地人民的生命和财产安全外，也严重破坏了当地的生物多样性。

2019 年，亚马孙雨林发生了约 4 万起火灾

火灾后的森林

野火越来越多了吗？

近年来，灾害性野火的频率越来越高：一方面是人类的生活和生产越来越侵入自然森林，起火概率上升；另一方面，全球气候变化加剧，长期干旱和持续高温成为诱发灾害性野火的重要原因。野火导致封存在生态系统中的大量二氧化碳被释放到大气中，加剧全球变暖。

生存法则

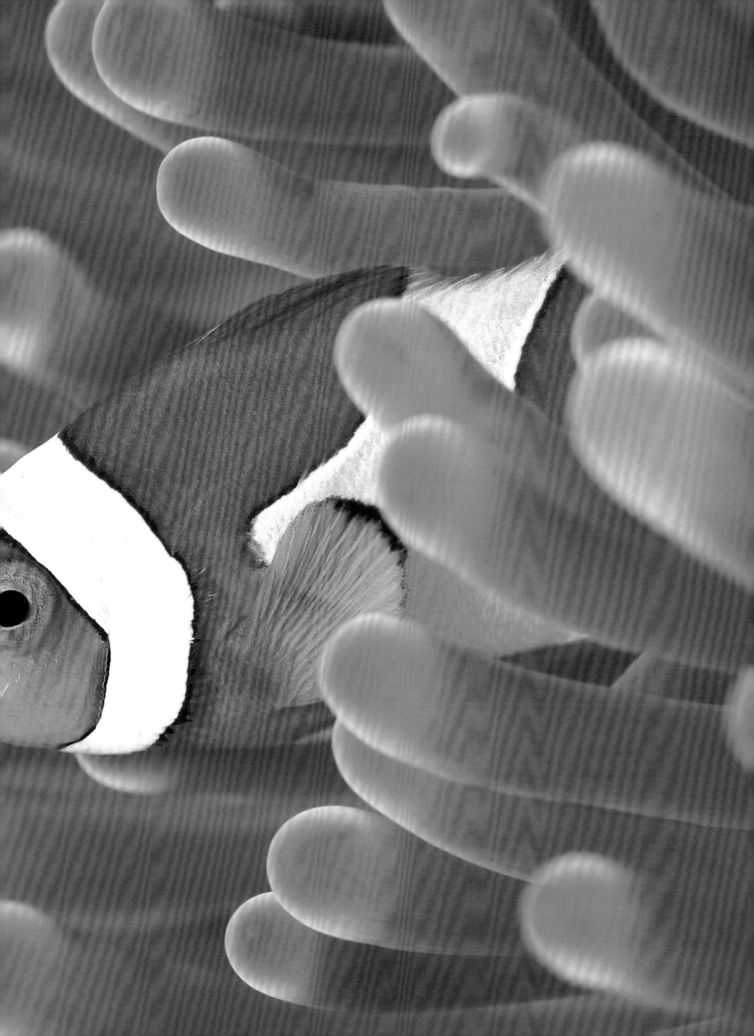

城市里有野生动物吗？

城市生态系统和自然生态系统很相似，它在生物圈内扮演着越来越重要的角色。城市中还是有不少野生动物的，只是我们通常忽视了它们的存在。

农田生态系统　自然生态系统
食物
自然生态系统
能源、原材料　休闲娱乐
河流、湖泊→淡水
排污　排废
自然生态系统

城市能自给自足吗？

人类是城市的缔造者，也是城市生态系统的关键种。看起来，我们足不出城就能生存下去，农贸市场、超市和餐厅可以满足我们的一日三餐。但是，从生态系统的角度来看，城市远远不是一个能够自给自足的系统，相反，它需要从外部大量输入能源和物质，而且，随着城市人口的增加，它对外部输入的要求会更高。

此外，城市也依赖周边环境来处理废水和垃圾。如果不及时处理，城市不仅很快就会臭气熏天，垃圾遍地，而且会因为蚊虫滋生而促使疾病传播。

根据联合国的估算，到 2050 年，全世界 68% 的人口将居住在城市。

城市和农田可以取代自然生态系统吗？

在历史上，尤其是工业革命爆发之后，人们曾经忽视了自然生态系统的价值。未经处理的工业和生活废水被直接排入河道，为了开矿和开采化石能源而导致山体大量裸露，为了获取更多木材而破坏原始森林，为了扩大农田范围而毁林垦荒，为了获得更多渔产品而无节制捕捞，为了消灭田间害虫而大量喷洒难降解农药……凡此种种，不一而足。随后，人们在经历了一系列的环境污染事件后，才逐渐认识到自然生态系统无法被取代。

冷知识

人类一直生活在低密度的乡村环境中，城市化是工业革命后出现的发展趋势。2007 年，全世界首次出现城市人口多于非城市人口的情况。

生态系统服务价值

调节功能：大气、气候、水土保持、养分循环、废水处理、传粉、生物控制等。

生产功能：食物、原材料、遗传资源、药物资源、观赏性资源等。

信息功能：美学、休闲娱乐、文化艺术、历史信息、科学和教育等。

家燕在人类的居所中筑巢

全球 *20%* 的鸟种与城市生态相关。

城市里有哪些野生动物？

城市里的野生动物还不少：麻雀等动物适应了城市环境，它们在城市中有相对固定的生境和领域；有些动物生活在城市附近的自然环境中，但它们有时会进入城市；有些动物是逃逸的宠物，比如流浪猫；还有一些动物在某一个迁徙阶段进入城市停留，比如候鸟。

松鼠、鸟类等都是常见的城市野生动物

城市动物和郊野动物有区别吗？

城市里的动物通常有些适应特征。比如，和郊野的鸟类相比，城市的鸟类具有更加高亢响亮的鸣声，但在白天的鸣叫频率更低，这是它们对城市噪音的适应；城市鸟类营巢的材料中，还可能掺有不少塑料或碎布等常见垃圾。

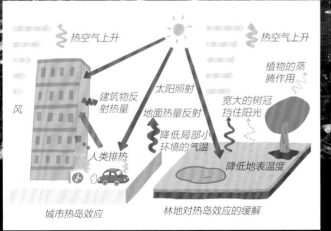

热空气上升　　　　　　　热空气上升

建筑物反射热量　太阳照射　　植物的蒸腾作用

风　　　地面热量反射　　宽大的树冠挡住阳光

降低局部小环境的气温

人类排热

降低地表温度

城市热岛效应　　　　林地对热岛效应的缓解

树木有助于缓解城市热岛效应

为什么城市需要种树？

通常，城市比周边郊野更加暖和，这一现象被称为热岛效应。越是都市化的城市，热岛效应就越显著。很多城市在夏季时，城内气温比周边地区高4℃。

现在，人类已经意识到，城市里的植被越多，就越能改善城市环境。除了行道树和公园外，屋顶花园、街心绿地甚至每家每户的小阳台都能为改善城市环境出一份力。

热岛效应

植物蒸腾作用可以带走很多热量，但是城市通常缺少植被；

水泥、地砖等路面和墙体在白天吸收很多太阳能，在夜间将热能释放出来；

人工建筑形成的地表没有足够水分蒸发散热；

取暖、冷却、公交等耗能设备在运行时大量散热。

大树为什么不能一直长高?

你有没有想过,为什么没有一棵大树可以长啊长,长到云霄之外,一直长到月亮?

树是一类植物,其特征是具有木质树干和树枝。长了树叶的树枝外展后形成树冠。如果一棵树有明显的主树干,到一定高度才有分枝,就叫乔木;如果没有明显的主树干,就叫灌木。灌木大多较为低矮。

一般情况下,树比草高,树冠下方生长了耐阴甚至喜阴植物。不过,有些植物虽然长得高大,也形成树荫,但它们没有木质树干,并不是符合植物学定义的"树"。

龙舌兰可以长到十几米高,但它们是草本植物,高耸的只是花序

竹子的主干是中空的

巨人柱仙人掌的主干是肉质茎

香蕉的"树干"是层层包裹的叶子

树是怎么向上生长的?

大多数树都起始于一颗种子,种子萌发时,根与芽就显示了对重力的不同反应

在树的根系顶端,细胞能感知地球引力,不断向下生长;而在树干和枝条里,能够感知引力的细胞使得它们逆着引力向上生长。这个特性使得树的根部向下抵达土壤含水层,获得生长所需的水分和营养元素,而且足够的深度有利于树木抵御风灾、表层水土流失和其他外部撞击。

树干和树枝向上,有更宽裕的空间形成树冠,使树叶获得更充分的阳光,进行光合作用。通常长得越高的树越容易有竞争优势,它们从上方遮挡住附近的其他树木,抢占光照资源,而且它们能向更远的地方散播更多种子。

高大的树木在哪里?

树长得越高大,就需要消耗越多的水分。目前世界上高大树木的主要分布区都具有水汽充分的自然条件,如北美西部的海岸山脉和东南亚雨林等地。

冷知识
因为蒸腾作用,越是茂密的森林,空气越湿润。和伞形树冠的树相比,塔形的树更加抗风,也更可能成为高树。

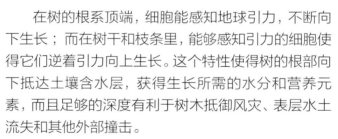

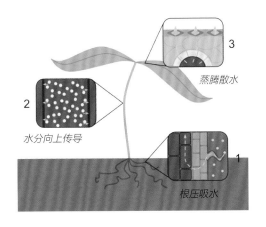

3 蒸腾散水

2 水分向上传导

根压吸水 1

树长高的决定因素是什么？

地球上最早的树出现于3.5亿至4.2亿年前的泥盆纪。为什么在这么长的时间里，就没有出现过高耸入云的超级大树？

首先，树木生长需消耗水分和营养物质，这些都需要由根部吸收并输运到树冠。要克服地心引力，把水分从地下输运到几十米的高处可不是件容易的事情。其中，最关键的是根压作用和蒸腾作用。

根压作用指水分通过渗透压进入植物根部的过程。

蒸腾作用即水分进入根系后，由茎部进入叶片，再从叶片表面以水蒸气状态散失到空气中。这个作用产生负压，像抽水机一样促使水分向上输运。

所以，抽水的能力决定了树能长到的高度。

世界上最高的树是一棵海岸红杉，
位于美国的加利福利亚州，树高约*116*米。

树长得越高越好吗？

越高的树，越容易受到灾害性天气的破坏，尤其是闪电。科学家在巴拿马群岛的巴罗科罗拉多岛热带雨林里发现，那些最高的树有约一半因为被闪电击中而死亡。随着全球变暖的加剧，闪电数量也在显著增加，它们对森林构造的影响不容忽视。

树根吸收的水分中*90%*以上
通过叶片蒸腾作用散失。

越高的树，扎根越深。

一般来说，根系深度可达树高的*1.5*倍。

蝗虫为什么会集群？

你相信有昆虫能在一夜之间让农民颗粒无收吗？对了，集群的蝗虫就会造成此类灾害。小小的蝗虫为什么要集成群呢？这和它们生存的环境有关。

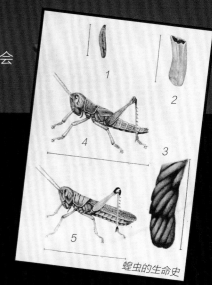
蝗虫的生命史

蝗虫小时候是什么样子？

昆虫的发育很特别，分完全变态发育和不完全变态发育。两者的区别在于若虫与成虫是否具有相似的形态和生活方式。完全变态发育的昆虫具有形态和食性完全不同的若虫和成虫，比如蚊子，刚从卵孵化出来的是在水里生活的孑孓，和飞行的成虫截然不同。

蝗虫是一类直翅目昆虫，它们的发育是不完全变态发育，即若虫（蝗蝻）的形态和生活方式与成虫较相似。

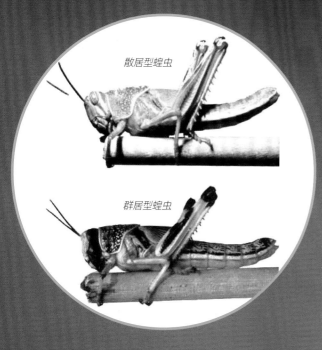
散居型蝗虫

群居型蝗虫

我们平时怎么见不到蝗虫？

蝗虫大多数时候呈零星分布，数量较少。以造成近年东非蝗灾的沙漠蝗虫为例，散居个体原本生活在荒无人烟的鲁卜哈利沙漠，干热环境和稀缺食物自然就限制了蝗虫的数量。

*2019*年东非蝗灾中，沙漠蝗虫在肯尼亚的一个集群即可覆盖*40*千米×*60*千米的范围，平均每平方千米有*60 000 000*只蝗虫。

蝗群是哪里来的？

在经历持久干旱后，散居型蝗虫较为集中地分布在有限的食物资源周围。这时，它们的身体开始分泌促进群居行为的5-羟色胺。当环境突然改善时，蝗虫繁殖率和孵化率都骤然上升，在短期内即可形成大群。消耗完当地植物资源后，它们就向农田、林地等食物丰富的地方迁移——这时候，天敌就无法控制蝗虫的规模了。这样种群数量在短期内迅速增大的现象被称为种群暴发。

发生在澳大利亚的蝗灾

蝗虫有天敌吗?

从卵到若虫到成虫,蝗虫生活史的每个阶段都有天敌,包括鸟类、蝙蝠、其他昆虫和真菌等,散居型蝗虫的数量因此受到控制。当散居型蝗虫转变为群居型后,身体颜色会发生变化(比如沙漠蝗虫,散居型成虫为具有隐蔽保护作用的绿色,群居型则是具有警戒意义的亮黄色),而且体内会积累从植物中获得的有毒生物碱。这时,天敌对蝗虫种群数量的影响就非常弱了。

群居型沙漠蝗虫具有亮黄色的体色

根据联合国粮农组织的估计,一个中等规模的蝗群足以毁灭**2500**人一年的口粮。

2009 年,坦桑尼亚通过空中喷洒农药灭蝗

如何控制蝗灾?

当发生蝗灾时,只有采取人为干预的办法,比如在空中喷洒药剂。与其亡羊补牢,不如防患未然。科学家更关注的是如何预测这类有害生物的种群暴发。全球变暖导致各地极端天气越来越频繁,沙漠飓风就会导致东非蝗灾,使得人们看到生态系统的复杂性,更加反思要如何应对和阻止全球变暖。

发达的复眼

蝗群每天的移动距离可达**130**千米。

咀嚼式口器

擅长飞行的后翅

后腿发达

冷知识

散居型蝗虫是植食性的,群居型蝗虫会自相残杀。

蝗虫(成虫)每天吃掉的食物和其体重相当。

寄生生物到处都有吗？

在各种种间关系中，寄生是最隐蔽的，也是最致命的。但寄生是生态系统中非常重要的种间关系，广泛分布于各种生态系统中。

寄生还是共生？

寄生和共生都是生物的种间关系。寄生指一种生物（寄生物）长期或暂时生活在另一种生物（宿主）的体内或体表。在此期间，寄生物完全依赖于从宿主体内汲取的营养物质；宿主因此会受到伤害，甚至死亡。

会寄生在人头发中的头虱

寄生与捕食

寄生和捕食都是消耗猎物、为我所用的过程：寄生过程较缓慢，有时伴随着寄生物在不同生活史阶段间的过渡；捕食过程则迅速得多。其实，自然界中寄生更加普遍，但由于其隐蔽性，人们对寄生的认识远不如捕食。

寄生物都是动物吗？

寄生可谓无处不在，从海洋到陆地，有各种各样的寄生方式。寄生物种类繁多，从真菌到原生动物到昆虫到哺乳动物都有。植物界也有寄生物，它们和寄生动物一样，自己无法从环境中获得养分，必须生长在其他植物上，从中获得营养。

寄生物是怎么接触到宿主的？

寄生过程常和捕食过程相重叠，寄生生物常利用食物链从一个宿主转移到下一个宿主。寄生物通常还通过物理接触方式进入宿主，比如蚂蟥附着在叶片上，当有动物经过时，它们就立刻吸附上去，刺入宿主皮肤吸血。

蚂蟥一次吸血的量是自身体重的 *2~10* 倍。

人体内最小的寄生物是杜氏利什曼原虫，长度不到 *1* 毫米。

寄生在鱼体内的缩头鱼虱

宿主被寄生后会死亡吗？

和捕食不同，寄生不会导致宿主立刻死亡。寄生物消耗宿主的方式非常多样，比如，蚂蟥和吸血蝙蝠在宿主体表吸血到一定程度后便脱落或离开，消化完毕后再等待下一个宿主；血吸虫等寄生虫进入人体后可有长达数年的病程；有的寄生蜂将卵产在宿主体内，当卵孵化后，幼虫就以宿主为营养来源；有一种吸虫寄生到蝌蚪体内后，导致蝌蚪发育成为后肢变态的蛙，吸引鸟类捕食，吸虫由此进入鸟的体内寄生，并将卵传播到远处。科学家正在发现越来越多的寄生方式，并研究它们是如何形成和演化的。

槲寄生通过吸根插入宿主植物的树皮，吸取水分和营养

寄生生物对人类都有害吗？

我们对寄生物的认识往往和疾病联系在一起。对于血吸虫、蛔虫这类会危及人体和家畜的寄生虫，的确需要加强防治。但是，这类寄生物在生态系统中只是很小的一部分，科学家已经找到越来越多的证据显示，寄生是生态系统中非常重要的种间关系，显著影响生态系统的生产力和演替。比如，科学家在美国加利福尼亚州的一些河口发现，寄生物的生物量和顶级消费者的一样高。

寄生也给我们在生态系统管理方面提供了有益的思路，比如寄生蜂就被用于农林害虫的生物防治。这正是我们需要向大自然学习的地方呢。

寄生蜂将卵产在农业害虫体内，孵化后幼虫将以害虫为食

目前，人体内最长的寄生物为一名印度患者体内的猪肉绦虫，长达 *2* 米。

杜鹃会把蛋产在大苇莺的巢中，由大苇莺代其抚育后代，这种行为叫做巢寄生

冷知识

寄居蟹不是寄生物，它们只是寻找空螺壳并藏匿其中。

在重寄生现象中，寄生物本身可能成为其他寄生物的宿主，比如茧蜂是蛾类幼虫的寄生物，但它孵化后可能马上成为小蜂的宿主。

冬虫夏草不是草，是真菌寄生在昆虫幼虫体内形成的。

夜行性动物怎么看清周围？

生态系统不仅有季节更替，也有日夜节律。大部分人"日出而作，日落而息"，对夜间生物活动的了解相对较少。

夜行性动物不睡觉吗？

夜行性动物也需要睡眠，只不过是在白天。它们在夜间活跃。有的夜行性动物终身维持这样的生活习性，有些动物只在生命史的某个阶段出现夜行性活动特点，比如在夜间繁殖、产卵、孵化等。

蝙蝠是300多种水果和农作物的传粉者，包括芒果、香蕉、桃子和可可等。

埃及果蝠在夜间活动，它们在摄食过程中也帮助植物传粉

为躲避敌害，绿海龟都是夜晚上岸产卵的

夜里活动有什么好处吗？

由于大多数动物都是昼行性的，因此，夜行性动物在觅食的时候，竞争压力较小，而且可以躲避天敌。不过，对猫头鹰这样的夜行性捕食者则正好相反，其他夜行性动物正是它们的食物来源。

沙漠动物多有夜行性特征：白天是一天里最为炎热干旱的时候，它们在隐蔽处休息；等到夜间气温下降后再出来活动，避免丧失过多水分。

许多动物都在夜间分娩：能够避开天敌、减少干扰，母兽还有时间在黎明前恢复体力。

猫头鹰的眼睛最多可占头颅空间的75%，人类眼睛只占头颅空间的5%。

夜行性动物如何探路？

没有光的夜晚，对人类来说是很难行动的，但夜行性动物却有它们的本领。

视觉敏锐。夜行动物的眼睛普遍很大，在夜间能让更多光线进入眼睛。它们感光的视杆细胞非常丰富，能敏锐察觉环境中的动静。因此，夜行动物拥有了良好的夜间视力。

听觉敏锐。夜行性动物不仅能通过声音辨别猎物的方向，而且即使猎物在草地或雪堆下面活动，它们也能听到动静。它们通常具有一对灵活的大耳朵。

回声定位能力。蝙蝠就利用这个本事在夜里穿梭自如。它们先发出超声波，然后根据从物体返回的回声来进行空间定位。每个蝙蝠发出的声波频率有所不同，因此当它们成群出没时，不会影响到各自的定位和捕食。它们对回声具有非常精细的辨识，可以在飞行中捕捉昆虫。因此，在黑乎乎的山洞里穿梭时，它们不用担心到处碰壁。

植物会在晚上开花吗？

有些沙漠植物只在夜间开花，避开了日间的干热胁迫，吸引附近的夜行性动物（蛾、蝙蝠等）为它们传粉。这类植物的花朵通常都很大，颜色较浅，或具有浓郁的气味。

以夜间开花出名的昙花原产于中美洲，蝙蝠就是它们的传粉者

图书在版编目（CIP）数据

互动的自然 / 何文珊著. —上海：少年儿童出版社，
2023.1
　　（十万个为什么.少年科学馆）
　　ISBN 978-7-5589-1485-0

　　Ⅰ.①互… Ⅱ.①何… Ⅲ.①生态学—青少年读
物 Ⅳ.① Q14-49

　　中国版本图书馆 CIP 数据核字（2022）第 225152 号

十万个为什么·少年科学馆

互动的自然

何文珊　著

翟苑祯　绘图

施喆菁　整体设计

施喆菁　装帧

出版人 冯　杰

策划编辑 王　音

责任编辑 刘　伟　美术编辑 施喆菁

责任校对 黄　蔚　技术编辑 谢立凡

出版发行　上海少年儿童出版社有限公司

地址　上海市闵行区号景路 159 弄 B 座 5-6 层　邮编 201101

印刷　镇江恒华彩印包装有限责任公司

开本 889×1194　1/16　印张 4.5

2023 年 1 月第 1 版　　2023 年 1 月第 1 次印刷

ISBN 978-7-5589-1485-0 / N·1227

定价 32.00 元